2021 年河南省汛期雨情水情

主编　崔亚军　赵慧军

黄河水利出版社

·郑州·

内 容 提 要

本书对河南省 2021 年汛期降雨情况和主要河道、水库水情进行了总结,记录了汛期主要暴雨洪水过程,统计了主要河道、水库的洪水特征值,形成详细的实时资料,为研究 2021 年暴雨洪水,分析评价洪水特性及防洪工程所发挥的作用,进一步做好洪水预报调度和水旱灾害防御工作提供了宝贵资料。

本书可作为水文水资源、洪水预报调度相关人员的参考资料。

图书在版编目(CIP)数据

2021 年河南省汛期雨情水情/崔亚军,赵慧军主编
. —郑州:黄河水利出版社,2022.4
ISBN 978-7-5509-3278-4

Ⅰ . ①2…　Ⅱ . ①崔…②赵…　Ⅲ . ①水情-河南-2021　Ⅳ . ①P337. 261

中国版本图书馆 CIP 数据核字(2022)第 077884 号

出　版　社:黄河水利出版社　　　　　　　　　　　网址:www. yrcp. com
　　　　地址:河南省郑州市顺河路黄委会综合楼 14 层　　邮政编码:450003
发行单位:黄河水利出版社
　　　　发行部电话:0371-66026940、66020550、66028024、66022620(传真)
　　　　E-mail:hhslcbs@ 126. com
承印单位:河南瑞之光印刷股份有限公司
开本:890 mm×1 240 mm　1/16
印张:9. 5
字数:208 千字　　　　　　　　　　　　　　　　印数:1—1 000
版次:2022 年 4 月第 1 版　　　　　　　　　　　　印次:2022 年 4 月第 1 次印刷

定价:120. 00 元

编写人员

主　编　崔亚军　赵慧军

副主编　闫家珲　王一匡　罗晓丹　陈　磊

　　　　　李四海　刘冠华　祝冰洁　赵如月

　　　　　贺旭东

前　言

2021 年汛期我省连续出现多场暴雨洪水过程,平均降雨量较多年同期均值偏多近七成。受降雨影响,卫河、贾鲁河、白河等河道出现大洪水,上游出现了特大洪水,全省有 7 条河流出现超保证洪水,4 条河流出现超警戒洪水,多处河道出现有实测资料以来最大流量或最高水位。20 座大型水库和 89 座中型水库超汛限水位,先后启用了 8 座蓄滞洪区,大面积农田被淹,多地城区发生严重内涝。

特别是 2021 年 7 月 17 日至 23 日,郑州、鹤壁、新乡、安阳等地出现历史罕见的极端强降雨过程。该场降雨持续时间长、覆盖面积大、雨强高、降水总量大,多站小时雨量、日雨量突破历史极值;暴雨引发洪水来势猛,造成多处水库、堤防工程出现严峻险情;暴雨还造成郑州等城市发生严重内涝,造成的人员伤亡和财产损失巨大,引发了社会高度关注。

河南省水文水资源局高度重视 2021 年汛期暴雨洪水的影响及后续分析工作,要求始终把保障人民群众生命财产安全放在第一位,强化“四预”措施,坚持预字当先、科学研判。根据相关安排,为进一步全面、客观、系统地分析研究 2021 年汛期暴雨洪水,分析评价洪水特性及防洪工程所发挥的作用,河南省水文水资源局水情部门对 2021 年汛期降雨情况和主要河道、水库水情进行了总结,记录了汛期主要暴雨洪水过程,统计了主要河道、水库的洪水特征值,完成了本书的编写工作,为进一步做好洪水预报调度和水旱灾害防御工作提供了宝贵资料。

由于我们的技术水平有限,书中缺点和错误在所难免,殷切希望得到读者的批评和指正。

作　者

2022 年 1 月

目　录

第 1 章 概 述

1.1 自然条件

河南省位于我国中东部,南北纵跨 530 km,东西横越 580 km,处于北纬 31°23′~36°22′和东经 110°21′~116°39′,东接安徽、山东,北接河北、山西,西连陕西,南邻湖北,全省总面积 16.7 万 km²。

地形地貌:河南省位于全国第二、第三阶梯结合部,处于山区向平原的过渡带,西北部、西部和南部群山环绕,高程一般在 1 000 m 以上,东北部、东部、中部和西南部为平原和盆地,高程 50~100 m,地势西高东低,山地、丘陵、平原面积占比分别为 37.1%、11.7%、51.2%。

气象水文:河南省地处亚热带向暖温带过渡地区,大陆性季风气候特征明显,多年平均气温 15.1 ℃、降水量 771 mm、水面蒸发量 1 000 mm 左右。受季风气候及地形差异影响,降水量时空分布极不均匀,其中空间分布不均,豫南大别山区最大为 1 400 mm,豫北最小不足 600 mm;年际降水量变化较为剧烈(1964 年为 1 119 mm,1966 年为 496 mm);年内季节分配不均匀,夏秋多发洪涝,冬春少雨,多发旱情,6~9 月降水 350~700 mm,占全年降水量的 60%~70%。

河湖水系:河南省地跨长江、淮河、黄河、海河四大流域,流域面积分别为 2.72 万 km²、8.83 万 km²、3.62 万 km²、1.53 万 km²。全省河流众多,流域面积 100 km² 以上河流共 560 条、1 000 km² 以上河流共 66 条,主要河流有 2 干 25 支,即黄河干流、淮河干流和流域面积 3 000 km² 以上的沙颍河等 25 条重要支流。全省现有大中型水库 148 座,控制省内流域面积 5.02 万 km²,占全省国土面积的 30%,其中大型水库控制省内流域面积 3.17 万 km²,占省内山丘区总面积的 39%。天然湖泊 8 处,累计面积占全省国土面积的 0.1‰。

河南省地势西高东低,山丘向平原的过渡带短,洪水缺乏缓冲,直泄平原,且存在南部大别山、西部桐柏山—伏牛山以及北部太行山三大暴雨中心,极易造成大的水灾。1950~2020 年,河南省遭受特大水灾年份有 1957 年、1963 年、1975 年、1982 年、2000 年、2016 年、2018 年和 2020 年等,给经济社会发展造成巨大危害。

1.2 汛期雨水情

2021 年汛期(5 月 15 日至 9 月 30 日)全省平均降雨量 893.0 mm,较多年同期均值(527.8 mm)偏多近七成;6~9 月全省平均降雨量 863.2 mm,较多年同期均值(493.6 mm)

偏多七成多。汛初降雨偏少,汛中至汛末降雨偏多,与多年同期相比:5 月 15~31 日降雨量偏少一成多,6 月降雨量偏少近二成,7 月降雨量偏多近九成,8 月降雨量偏多近七成,9 月降雨量偏多 1.7 倍。7 月中旬至汛末,淮河以北连续出现多场大范围强降雨过程,特别是 7 月中下旬,郑州市、新乡市、鹤壁市等出现了历史罕见的极端暴雨天气,造成了严重洪涝灾害。

汛期(5 月 15 日至 9 月 30 日)降雨量与多年同期相比:淮河流域降雨量偏多四成多,长江流域降雨量偏多近五成,黄河流域降雨量偏多近 1.2 倍,海河流域降雨量偏多近 1.6 倍;鹤壁市降雨量偏多近 2 倍,焦作市降雨量偏多 1.8 倍,濮阳市、新乡市、安阳市、济源市、郑州市降雨量偏多 1.3~1.6 倍,开封市降雨量偏多 1 倍,平顶山市、许昌市、洛阳市、三门峡市降雨量偏多七至九成,商丘市、南阳市、漯河市降雨量偏多四至六成,驻马店市、信阳市、周口市降雨量偏多一至三成。

汛期河南省大部分主要河道出现了明显涨水或洪水过程。7 月中下旬,卫河淇门以上出现大洪水,卫河上游出现区域性特大洪水,贾鲁河出现大洪水,贾鲁河上游出现区域性特大洪水;9 月下旬,白河上游出现区域性特大洪水。卫河、共产主义渠、淇河、安阳河、伊洛河、澧河、小洪河等 7 条河流出现超保证洪水,沁河、沙河、颍河、惠济河等 4 条河流出现超警戒洪水。大沙河修武水文站,共产主义渠合河水文站、黄土岗水文站、刘庄水文站,卫河汲县水文站、淇门水文站、五陵水文站,安阳河横水水文站,洛河卢氏水文站,宏农涧河朱阳水文站,金堤河范县水文站,贾鲁河中牟水文站、扶沟水文站,黄鸭河李青店水文站等 14 个水文站出现了有实测资料以来最大流量或最高水位。卫河流域相继启用了广润坡、崔家桥、良相坡、共渠西、长虹渠、柳围坡、白寺坡和小滩坡 8 个蓄滞洪区分滞洪水。汛末及 10 月上旬,受"华西秋雨"影响,黄河中下游出现 3 次编号洪水,河南省境内的黄河干流及其支流伊洛河、沁河持续出现洪水过程。

汛期河南省主要河道平均流量与多年均值相比,除唐河偏少六成多外,其他主要河道控制站平均流量均不同程度偏多,卫河偏多 2.3 倍,伊洛河偏多近 1.7 倍,白河偏多近 1.4 倍,沙河偏多 1.2 倍,淮河、洪汝河偏多一至二成,黄河稍偏多。汛初,金堤河、文岩渠、沁河、卫河、北汝河、涡河等河道出现了断流或河干,部分河道出现流量偏小情况。

汛期河南省科学调度水库,充分发挥了水库拦蓄作用,为下游河道减轻了压力。汛期有鸭河口 1 座大型水库和尖岗 1 座中型水库超设计水位,有 20 座大型水库和 89 座中型水库超汛限水位。盘石头、小南海、窄口、河口村、燕山、前坪、鸭河口 7 座大型水库和唐岗、坞罗、尖岗、常庄、丁店、楚楼、后胡、纸坊(登封)、五星、李湾、佛耳岗、安沟、彭河 13 座中型水库出现建库以来最高库水位。

汛末(10 月 1 日),河南省大型水库蓄水总量 61.72 亿 m³,较多年同期均值(35.45 亿 m³)多蓄 26.27 亿 m³;中型水库蓄水 12.86 亿 m³,较多年同期均值(8.70 亿 m³)多蓄 4.16 亿 m³。

　　汛初,受高温天气及降雨空间分布不均影响,开封市、郑州市西部、平顶山市北部、洛阳市南部、三门峡市北部、济源市、焦作市西部、鹤壁市、濮阳市南部土壤墒情较差,出现不同程度的旱情。7月中旬至9月,全省出现连续性降雨过程,除信阳市、驻马店市土壤墒情适宜外,大部分地区土壤过湿。

第 2 章　主要天气过程

2021 年汛期影响河南省的主要天气系统为副高、低槽、低涡和切变线。

汛期共有 15 个台风生成(5 月 1 个,6 月 2 个,7 月 3 个,8 月 4 个,9 月 5 个),3 个台风登陆我国,生成数和登陆数均偏少。登陆台风均未经过河南省,河南省仅受部分台风外围云系影响。

受冷空气东移南下影响,5 月 13 日 8 时至 16 日 8 时,全省普降小到中雨,部分地市中到大雨,信阳市东南部、南阳市中部、驻马店市北部、周口市西部降大到暴雨,局部大暴雨。

受冷涡影响,6 月 2 日 8 时至 3 日 8 时,全省大部分地区降阵雨、雷阵雨,局部暴雨。

受切变线影响,6 月 12 日 8 时至 15 日 8 时,全省普降小到中雨,部分地区大到暴雨、大暴雨,局部特大暴雨。降雨主要集中在驻马店市驿城区、确山县、泌阳县,南阳市社旗县,濮阳市市区、濮阳县,周口项城市、沈丘县。

受东北冷涡后部冷空气南下与副热带高压外围暖湿气流辐合影响,6 月 15 日 8 时至 18 日 8 时,全省普降小到中雨,信阳市普降大到暴雨,局部大暴雨。

受副热带高压北抬及南下冷空气影响,6 月 25 日 8 时至 29 日 8 时,全省除濮阳市外普降小雨,南阳市、驻马店市、信阳市降中到大雨,部分地区暴雨、大暴雨。降雨主要集中在信阳市浉河区、商城县、新县、罗山县,驻马店市正阳县、确山县、新蔡县。

受副热带高压北抬及西南暖湿气流北上、弱冷空气南下共同影响,7 月 1 日 8 时至 3 日 8 时,全省普降小到中雨,局部大到暴雨、大暴雨,降雨时空分布不均。降雨主要集中在信阳市新县、光山县、潢川县。

受副热带高压西伸北抬影响,7 月 5 日 8 时至 9 日 8 时,淮河以南及驻马店市南部、南阳市东部普降大到暴雨,其中信阳市东部降大暴雨,京广线以西大部分地区降阵雨、雷阵雨。降雨主要集中在信阳市固始县、潢川县、淮滨县、息县和驻马店市新蔡县。

受西南低涡东移北上影响,7 月 10 日 8 时至 12 日 8 时,洛阳市、三门峡市、郑州市、平顶山市、漯河市、南阳市、驻马店市降小到中雨,黄河以北降大到暴雨,局部大暴雨、特大暴雨。

受副热带高压北抬影响,7 月 12 日 8 时至 13 日 8 时,信阳市、三门峡市、濮阳市、南阳市、洛阳市、新乡市部分地区降中到大雨,局部暴雨,降雨主要集中在信阳市潢川县、光山县、新县及固始县。

受副热带高压北抬影响,7 月 14 日 8 时至 17 日 8 时,全省大部分地区降阵雨、雷阵雨,部分地区暴雨、大暴雨,雨量分布不均。

7 月 17 日起,西太平洋副热带高压和大陆高压分别稳定维持在日本海和我国西北地区,黄淮低涡停滞少动。受第 6 号台风"烟花"外围和副热带高压南侧的偏东气流影响,大量水汽向我国内陆地区输送。加之河南省太行山区、伏牛山区的特殊地形对偏东气流起到辐合抬升效应,迎风坡前降水增幅明显。在此稳定天气形势下,中小尺度对流反复在伏牛山前地区发展并向郑州方向移动,形成"列车效应",导致出现了历史罕见的极端暴雨天气。7月17日8时至24日8时,全省普降大到暴雨,其中郑州市、安阳市、鹤壁市、新乡市、焦作市、济源市、平顶山市、漯河市降暴雨、大暴雨,局部特大暴雨。

受台风"烟花"外围云系影响,7月27日8时至29日8时,京广线以东地区降中到大雨,其中信阳市、周口市、商丘市、濮阳市普降大到暴雨,局部大暴雨。

受副热带高压北抬及南下冷空气影响,8月8日8时至10日8时,全省普降小雨,其中南阳市、信阳市、驻马店市降中到大雨,局部暴雨。

受副热带高压北侧弱切变线影响,8月10日8时至14日8时,全省普降小到中雨,其中沿黄西部地区、信阳市降大到暴雨,局部大暴雨。

受冷空气南下影响,8月19日8时至21日8时,全省普降小到中雨,其中京广线以东地区和三门峡市、洛阳市、济源市部分地区降中到大雨,局部暴雨。

受副热带高压北抬、冷空气南下和低涡共同影响,8月21日8时至23日8时,豫北降小到中雨,沿黄及其以南地区普降大到暴雨,三门峡市、南阳市、平顶山市、许昌市、郑州市、开封市、驻马店市部分地区降大暴雨,局部特大暴雨。

受异常偏北副热带高压外围气流影响,8月28日8时至31日8时,淮河以北普降中到大雨,局部暴雨、大暴雨。

受副热带高压北抬影响,8月31日8时至9月2日8时,淮河以北大部分地区降中到大雨,三门峡市和南阳市桐柏县降暴雨,信阳市局部降小雨。

受西部低涡东移影响,9月3日8时至6日8时,淮河以北普降中到大雨,平顶山市、漯河市、周口市和商丘市、濮阳市、鹤壁市、济源市部分地区降暴雨、大暴雨。

受槽线、低涡东移及副热带高压北抬影响,9月17日8时至20日8时,黄河以北及三门峡市、洛阳市、郑州市、平顶山市和南阳市北部,信阳市南部降暴雨、大暴雨,其他市降中到大雨。

受西太平洋副热带高压外围西南气流和冷空气南下共同影响,9月23日8时至26日8时,淮河以北普降中到大雨,黄河以北及商丘市、开封市、许昌市、周口市西部降暴雨。受叠加中尺度对流云团发展影响,南阳市南召县、方城县和平顶山市叶县、鲁山县出现特大暴雨。

受冷空气南下影响,9月27日8时至29日8时,中西部、北部和驻马店市降小到中雨,三门峡市、洛阳市、济源市和郑州、焦作两市西部降中到大雨,局部暴雨。

第 3 章　雨　情

2021 年汛期(5 月 15 日至 9 月 30 日)全省平均降雨量 893.0 mm,较多年同期均值(527.8 mm)偏多近七成。汛初降雨偏少,汛中至汛末降雨偏多,共出现 27 场明显降雨过程。7 月至汛末,淮河以北连续出现多场大范围强降雨过程,特别是 7 月中下旬郑州市、新乡市、鹤壁市等出现了历史罕见的极端暴雨天气,造成了严重洪涝灾害。

3.1　汛期平均降雨量

(1)5 月 15 日至 9 月 30 日全省平均降雨量 893.0 mm,较多年同期均值(527.8 mm)偏多近七成,其中 5 月 15~31 日偏少一成多,6 月偏少近二成,7 月偏多近九成,8 月偏多近七成,9 月偏多 1.7 倍。鹤壁市较多年同期均值偏多近 2 倍,焦作市较多年同期均值偏多 1.8 倍,濮阳市、新乡市、安阳市、济源市、郑州市较多年同期均值偏多 1.3~1.6 倍,开封市较多年同期均值偏多 1 倍,平顶山市、许昌市、洛阳市、三门峡市较多年同期均值偏多七至九成,商丘市、南阳市、漯河市较多年同期均值偏多四至六成,驻马店市、信阳市、周口市较多年同期均值偏多一至三成。

海河流域平均降雨量 1 257.2 mm,较多年同期均值(489.7 mm)偏多近 1.6 倍;黄河流域平均降雨量 946.6 mm,较多年同期均值(439.6 mm)偏多近 1.2 倍;长江流域平均降雨量 820.8 mm,较多年同期均值(552.7 mm)偏多近 5 成;淮河流域平均降雨量 814.1 mm,较多年同期均值(557.2 mm)偏多 4 成多(见附图 6-1、附图 13-1 及附表 1-1)。

5 月 15 日至 9 月 30 日各市累计最大点雨量:新乡辉县市龙水梯雨量站 2 274 mm,鹤壁市淇县大水头雨量站 1 846 mm,安阳林州市白泉雨量站 1 810 mm,焦作市修武县东岭后雨量站 1 808 mm,郑州荥阳市环翠峪雨量站 1 680 mm,济源市郑坪雨量站 1 658 mm,南阳市南召县下石笼雨量站 1 607 mm,三门峡市卢氏县上安沟雨量站 1 496 mm,平顶山市鲁山县合庄雨量站 1 486 mm,洛阳市汝阳县三屯雨量站 1 351 mm,信阳市商城县黄柏山雨量站 1 343 mm,濮阳市华龙区水利局雨量站 1 324 mm,商丘市梁园区彭园雨量站 1 212 mm,开封市顺河区豫东局雨量站 1 139 mm,许昌禹州市井沟雨量站 1 131 mm,周口市扶沟县魏桥雨量站 1 039 mm,驻马店市遂平县赵庄雨量站 1 019 mm,漯河市郾城区王店巡测站 1 017 mm。

(2)6~9 月全省平均降雨量 863.2 mm,较多年同期均值(493.6 mm)偏多七成多。鹤壁市较多年同期均值偏多近 2.1 倍,焦作市较多年同期均值偏多 1.9 倍,濮阳市、新乡市、安阳市、济源市、郑州市较多年同期均值偏多 1.4~1.7 倍,三门峡市、开封市较多年同期均值偏多 1~1.1 倍,漯河市、平顶山市、许昌市、洛阳市较多年同期均值偏多七至九成,驻马店市、周口市、信阳市、商丘市、南阳市较多年同期均值偏多二至五成。

海河流域平均降雨量 1 231.7 mm,较多年同期均值(465.1 mm)偏多近 1.7 倍;黄河流域平均降雨量 921.9 mm,较多年同期均值(412.8 mm)偏多 1.2 倍;淮河流域平均降雨量 785.0 mm,较多年同期均值(518.5 mm)偏多五成;长江流域平均降雨量 782.2 mm,较多年同期均值(514.9 mm)偏多五成(见附图 6-2、附图 7、附图 13-2 及附表 1-2)。

6~9 月各市累计最大点雨量:新乡辉县市龙水梯雨量站 2 200 mm,鹤壁市淇县大水头雨量站 1 798 mm,焦作市修武县东岭后雨量站 1 797 mm,安阳林州市白泉雨量站 1 752 mm,郑州荥阳市环翠峪雨量站 1 650 mm,济源市郑坪雨量站 1 603 mm,南阳市南召县下石笼雨量站 1 586 mm,三门峡市卢氏县上安沟雨量站 1 460 mm,平顶山市鲁山县合庄雨量站 1 447 mm,洛阳市汝阳县三屯雨量站 1 303 mm,濮阳市华龙区水利局雨量站 1 287 mm,信阳市商城县黄柏山雨量站 1 205 mm,商丘市梁园区彭园雨量站 1 190 mm,开封市开封县曲兴雨量站 1 122 mm,许昌禹州市井沟雨量站 1 115 mm,周口市扶沟县白潭雨量站 1 009 mm,漯河市临颍县陈庄雨量站 993 mm,驻马店市遂平县赵庄雨量站 972 mm。

3.2　5 月 15~31 日雨情

5 月 15~31 日全省平均降雨量 29.8 mm,较多年同期均值(34.2 mm)偏少一成多。其中:信阳市偏少四成多,商丘市、三门峡市、平顶山市、焦作市、郑州市、驻马店市、许昌市偏少一至三成,洛阳市、新乡市、周口市基本持平,安阳市、开封市、南阳市稍偏多,济源市偏多一成多,漯河市、鹤壁市、濮阳市偏多三至五成(见附图 1、附图 8 及附表 1-1)。全省有 3 次较明显的降雨过程。

(1)受冷空气东移南下影响,5 月 13 日 8 时至 16 日 8 时,全省普降小到中雨,局部大到暴雨,局地大暴雨。累计降雨量大于 100 mm 的站点 110 处,50~100 mm 的站点 706 处。累计最大点雨量:信阳市商城县香子岗雨量站 172.5 mm、黑河雨量站 167 mm,南阳市镇平县赵湾水库站 150 mm。平均降雨量:全省 38.5 mm,信阳市 68 mm,周口市 56 mm,南阳市、驻马店市、漯河市 50~53 mm,洛阳市、焦作市、平顶山市、商丘市、济源市 29~38 mm,许昌市、郑州市、鹤壁市、安阳市、濮阳市、三门峡市 17~23 mm,新乡市、开封市 12~13 mm。

受本次降雨影响,淮河干流及淮南支流出现小的涨水过程。

(2)5 月 20 日 8 时至 21 日 8 时,安阳市、濮阳市、鹤壁市、新乡市、许昌市、郑州市、开封市、周口市局部短时强降雨。平均降雨量:全省 2 mm,开封市 15 mm,新乡市 9 mm,濮阳市、鹤壁市 6 mm,郑州市、安阳市、许昌市 4 mm,周口市 3 mm,其他市均小于 1 mm。

(3)5 月 25 日 8 时至 27 日 8 时,信阳市、南阳市、驻马店市及濮阳市、安阳市局部降小到中雨,局部大雨。平均降雨量:全省 2.2 mm,信阳市 16 mm,濮阳市 3 mm,驻马店市 2 mm,其他市均小于 2 mm。

3.3　6 月雨情

6 月全省平均降雨量 80.4 mm,较多年同期均值(97.1 mm)偏少近两成。其中:驻马店市、信阳市稍偏多,濮阳市、济源市、安阳市、南阳市稍偏少,周口市、鹤壁市、焦作市、三门峡市、郑州市、商丘市、新乡市、平顶山市偏少二至四成,洛阳市、开封市、许昌市偏少四至六成,漯河市偏少六成多(见附图2、附图9及附表1-1、附表1-2)。本月全省有5次较明显的降雨过程。

(1)6月2日8时至3日8时,全省大部分地区降阵雨、雷阵雨,局部暴雨。累计降雨量超过50 mm的站点6处,最大点雨量:郑州巩义市核桃园雨量站75 mm,南阳市西峡县西万沟雨量站63 mm。平均降雨量:全省6 mm,郑州市20 mm,开封市16 mm,商丘市14 mm,三门峡市、新乡市、鹤壁市、洛阳市、许昌市7~9 mm,其他市小于5 mm。

(2)6月7日8时至10日8时,全省除周口市、商丘市、开封市外多降分散性阵雨。累计降雨量超过50 mm的站点4处,累计最大点雨量:洛阳市嵩县南坡巡测站89 mm。平均降雨量:全省2 mm,济源市12 mm,安阳市、焦作市7~9 mm,洛阳市、新乡市、鹤壁市、南阳市、漯河市、郑州市2~5 mm,其他市均小于2 mm。

(3)受切变线影响,6月12日8时至15日8时,全省普降小到中雨,部分地区大到暴雨、大暴雨,局部特大暴雨,降雨主要集中在驻马店市驿城区、确山县、泌阳县,南阳市社旗县,濮阳市市区、濮阳县,周口项城市、沈丘县。累计降雨量超过300 mm的站点2处、200~300 mm的站点28处、100~200 mm的站点236处,累计最大点雨量:驻马店市驿城区徐家庄雨量站304 mm,南阳市社旗县坑黄雨量站303 mm。平均降雨量:全省36 mm,驻马店市88 mm,周口市63 mm,南阳市54 mm,濮阳市52 mm,平顶山市44 mm,商丘市、安阳市、漯河市、鹤壁市、许昌市、开封市、新乡市20~31 mm,焦作市、济源市、郑州市、洛阳市、信阳市、三门峡市9~18 mm。

受本次降雨影响,唐白河、小洪河、汝河出现涨水过程。

(4)受东北冷涡后部冷空气南下与副热带高压外围暖湿气流辐合影响,6月15日8时至18日8时,全省普降小到中雨,信阳市普降大到暴雨,局部大暴雨。累计降雨量超过200 mm的站点5处、100~200 mm的站点122处,累计最大点雨量:信阳市光山县报安雨量站225 mm,新县浒湾雨量站211 mm,石堰口水库211 mm。平均降雨量:全省14 mm,信阳市69 mm,三门峡市、安阳市、南阳市、鹤壁市10~15 mm,洛阳市、濮阳市、平顶山市5~8 mm,其他市均小于5 mm。

受本次降雨影响,淮南支流出现涨水过程。

(5)受副热带高压北抬及南下冷空气影响,6月25日8时至29日8时,全省除濮阳市外普降小雨,南阳市、驻马店市、信阳市降中到大雨,部分地区暴雨、大暴雨。降雨主要集中在信阳市浉河区、商城县、新县、罗山县,驻马店市正阳县、确山县、新蔡县。累计最大点雨量:信阳市浉河区检柴沟水库站172 mm、林场雨量站170 mm,商城县郭庙雨量站164 mm。平均降雨量:全省17 mm,信阳市69 mm,驻马店市38 mm,南阳市、济源市、焦作市16~20 mm,三门峡市、新乡市、安阳市、周口市、漯河市、平顶山市、郑州市2~6 mm,其他市均小于2 mm。

受本次降雨影响,淮河及淮南支流出现涨水过程。

3.4　7月雨情

7月全省平均降雨量337.2 mm,较多年同期均值(179.8 mm)偏多近九成。其中:鹤壁市偏多近3.6倍,安阳市、新乡市、焦作市、郑州市偏多2.6~3倍,许昌市、济源市偏多1.3~1.6倍,开封市、濮阳市、平顶山市、漯河市偏多七至九成,三门峡市、洛阳市、信阳市偏多四至六成,商丘市、驻马店市、南阳市、周口市偏多二至三成(见附图3、附图10及附表1-1、附表1-2)。本月全省有7次较明显的降雨过程:

(1)受副热带高压北抬及西南暖湿气流北上、弱冷空气南下共同影响,7月1日8时至3日8时,全省普降小到中雨,局部大到暴雨、大暴雨,降雨时空分布不均。降雨主要集中在信阳市新县、光山县、潢川县。1 h降雨量超50 mm雨量站16处,降雨量超100 mm雨量站39处,累计最大点雨量:信阳市新县杨湾雨量站202 mm、金桥水库站198 mm、陈店乡雨量站184 mm。平均降雨量:全省17 mm,濮阳市47 mm,信阳市45 mm,济源市23 mm,商丘市、新乡市、周口市、郑州市、三门峡市、平顶山市、驻马店市、许昌市、洛阳市、安阳市11~18 mm,鹤壁市、开封市、南阳市、焦作市、漯河市6~8 mm。

受降雨影响,淮河及淮南支流出现涨水过程。

(2)受副热带高压西伸北抬影响,7月5日8时至9日8时,淮河以南及驻马店市南部、南阳市东部降大到暴雨,京广线以西大部分地区降阵雨、雷阵雨。降雨主要集中在信阳市固始县、潢川县、淮滨县、息县和驻马店市新蔡县。累计最大点雨量:信阳市固始县冯岗雨量站393 mm、蒋家集水文站344 mm、上庄雨量站337 mm。平均降雨量:全省20 mm,信阳市95 mm,驻马店市40 mm,济源市14 mm,南阳市15 mm,周口市、许昌市、焦作市、三门峡市、新乡市5~11 mm,其他市小于5 mm。

受降雨影响,淮河及淮南支流出现涨水过程。

(3)受西南低涡东移北上影响,7月10日8时至12日8时,洛阳市、三门峡市、郑州市、平顶山市、漯河市、南阳市、驻马店市降小到中雨,黄河以北降大到暴雨,局部大暴雨、特大暴雨。降雨量超300 mm雨量站1处,200~300 mm雨量站44处,100~200 mm雨量站338处。累计最大点雨量:山西省晋城市阳城县窑头雨量站367 mm、泽州县崔庄雨量站298 mm,济源市玉皇庙雨量站277 mm,辉县市齐王寨雨量站269 mm。平均降雨量:全省25 mm,济源市136 mm,安阳市120 mm,鹤壁市116 mm,新乡市90 mm,焦作市82 mm,濮阳市55 mm,三门峡市39 mm,洛阳市30 mm,郑州市21 mm,南阳市16 mm,其他市均小于5 mm。

受降雨影响,沁河及其支流丹河发生大的洪水,卫河出现涨水过程。

(4)受副热带高压北抬影响,7月12日8时至13日8时,信阳市、三门峡市、濮阳市、南阳市、洛阳市、新乡市部分地区降中到大雨,局部暴雨,降雨主要集中在信阳市潢川县、光山县、新县及固始县。最大点雨量:信阳市潢川县万大桥雨量站95 mm,新县卡房雨量站92 mm。平均降雨量:全省5 mm,信阳市27 mm,三门峡市9 mm,其他市小于5 mm。

受降雨影响,淮河及淮南支流出现涨水过程。

(5)受副热带高压北抬影响,7月14日8时至17日8时,全省大部分地区降阵雨、雷阵雨,部分地区暴雨、大暴雨。累计最大点雨量:许昌市襄城县大陈水文站263 mm,信阳市平桥区新集雨量站248 mm,永城市黄口集闸站236 mm。平均降雨量:全省40 mm,漯河市87 mm,周口市74 mm,信阳市71 mm,商丘市67 mm,许昌市48 mm,驻马店市47 mm,南阳市36 mm,安阳市、鹤壁市31 mm,新乡市27 mm,焦作市26 mm,平顶山市24 mm,郑州市23 mm,濮阳市21 mm,开封市20 mm,济源市18 mm,洛阳市15 mm,三门峡市8 mm。

受降雨和水库泄水影响,淮河及淮南支流出现涨水过程。

(6)受深厚的东风急流及稳定的低涡切变线影响,配合河南省太行山区、伏牛山区的特殊地形对偏东气流的强抬升辐合效应,7月17日8时至24日8时,全省普降大到暴雨,其中郑州市、安阳市、鹤壁市、新乡市、焦作市、济源市、平顶山市、漯河市降暴雨、大暴雨,局部特大暴雨。累计最大点雨量:辉县市龙水梯雨量站1 159 mm,新乡市凤泉区分将池雨量站970 mm,郑州市中原区尖岗水库站956 mm,焦作市修武县东岭后雨量站953 mm,卫辉市猴头脑雨量站948 mm。累计降雨量大于700 mm的笼罩面积有7 030 km²,大于600 mm的笼罩面积有7 960 km²,大于500 mm的笼罩面积有17 900 km²,大于400 mm的笼罩面积有24 100 km²,大于300 mm的笼罩面积有35 520 km²。平均降雨量:全省201 mm,鹤壁市650 mm,郑州市549 mm,新乡市546 mm,安阳市479 mm,焦作市470 mm,许昌市331 mm,平顶山市302 mm,济源市272 mm,漯河市249 mm,开封市224 mm,洛阳市154 mm,南阳市139 mm,驻马店市114 mm,周口市109 mm,濮阳市99 mm,三门峡市85 mm,信阳市69 mm,商丘市34 mm。

本次降雨主要有以下特点:

①降雨量大。郑州市平均降雨量549 mm,占郑州市多年平均年降雨量(637 mm)的86%,较郑州市多年平均汛期降雨量(417 mm)偏多32%;鹤壁市平均降雨量650 mm,较鹤壁市多年平均年降雨量(616 mm)偏多5%,较鹤壁市多年平均汛期降雨量(455 mm)偏多43%;新乡市平均降雨量546 mm,占新乡市多年平均年降雨量(653 mm)的84%,较新乡市多年平均汛期降雨量(479 mm)偏多14%。

②降雨时段集中。7月20日强降雨主要集中在郑州城区,且主要降雨时段集中在20日的15~18时,3 h降雨量:尖岗水库站328 mm,占当天日降雨量(687 mm)的48%;地震局雨量站300 mm,占当天日降雨量(609.5 mm)的49%;常庄水库站降雨量277 mm,占当天日降雨量(592 mm)的47%。

③降雨强度大。最大1 h降雨量郑州气象站201.9 mm(20日16~17时,气象局数据),最大60 min降雨量:水利设计院雨量站167.5 mm(20日16时20分至17时20分);最大6 h降雨量:郑州市中原区尖岗水库站463.5 mm、常庄水库站407 mm,鹤壁市淇滨区新村水文站351 mm;最大24 h降雨量:郑州市中原区尖岗水库站696.5 mm、常庄水库站

650.5 mm、荥阳市环翠峪雨量站 643.5 mm,鹤壁市新村水文站 614.5 mm。

受暴雨影响,卫河淇门以上出现大洪水,上游出现区域性特大洪水;贾鲁河出现大洪水,上游出现区域性特大洪水;卫河、共产主义渠、淇河、安阳河 4 条河流出现超保证洪水,小洪河、颍河、惠济河、伊河、洛河、沁河 6 条河流出现超警戒洪水;大沙河修武水文站,卫河汲县水文站、淇门水文站、五陵水文站,共产主义渠合河水文站、黄土岗水文站、刘庄水文站,安阳河横水水文站,贾鲁河中牟水文站、扶沟水文站出现有实测记录以来最高水位或最大流量;卫河流域相继启用了广润坡、崔家桥、良相坡、共渠西、长虹渠、柳围坡、白寺坡和小滩坡 8 个蓄滞洪区分滞洪水。

(7)受台风"烟花"外围云系影响,7 月 27 日 8 时至 29 日 8 时,京广线以东地区降中到大雨,其中信阳市、周口市、商丘市、濮阳市降大到暴雨,局部大暴雨。累计最大点雨量:商丘市梁园区彭园雨量站 183 mm,夏邑县夏邑雨量站 183 mm,信阳市商城县大门楼水库站 183 mm。降雨量超 100 mm 站点 116 处。平均降雨量:全省 24 mm,商丘市 107 mm,濮阳市 68 mm,鹤壁市、信阳市 40 mm,周口市 38 mm,开封市 31 mm,安阳市 27 mm,济源市、新乡市 16 mm,驻马店市 15 mm,许昌市 12 mm,其他市小于 10 mm。

受降雨影响,淮南支流史灌河出现小的涨水过程。

3.5 8 月雨情

8 月全省平均降雨量 230.5 mm,较多年同期均值(137.4 mm)偏多近七成。其中,三门峡市偏多近 1.6 倍,开封市、济源市偏多 1.5 倍,洛阳市、焦作市偏多 1.2 倍,郑州市偏多 1 倍,南阳市、濮阳市偏多七成多,信阳市、平顶山市、许昌市、商丘市偏多五至七成,安阳市、鹤壁市、周口市、驻马店市、漯河市、新乡市偏多一至四成(见附图 4、附图 11 及附表 1-1、附表 1-2)。本月全省有 7 次较明显的降雨过程:

(1)8 月 1 日 8 时至 2 日 8 时,商丘市、周口市、平顶山市、南阳市、驻马店市部分地区降阵雨。累计最大点雨量:商丘市柘城县远襄雨量站 63 mm,南阳市医圣祠雨量站 61 mm。平均降雨量:全省 4 mm,周口市 11 mm,南阳市 10 mm,商丘市 7 mm,驻马店市 6 mm,平顶山市 3 mm,其他市均小于 1 mm。

(2)8 月 4 日 8 时至 6 日 8 时,全省大部分地区降小到中雨,其中漯河市、焦作市、洛阳市、鹤壁市、商丘市、三门峡市、周口市、郑州市部分地区降大到暴雨。累计最大点雨量:漯河市舞阳县保和雨量站 98 mm,郑州巩义市小关雨量站 96 mm,洛阳市栾川县朱家村雨量站 95 mm。平均降雨量:全省 7 mm,漯河市 25 mm,三门峡市、商丘市、鹤壁市、洛阳市、焦作市 11~18 mm,济源市、新乡市、郑州市、周口市 7~9 mm,安阳市、南阳市 4~5 mm,其他市均小于 1 mm。

(3)受副热带高压北抬及南下冷空气影响,8 月 8 日 8 时至 10 日 8 时,全省普降小雨,其中南阳市、信阳市、驻马店市降中到大雨,局部暴雨。累计最大点雨量:南阳邓州市杨庄雨量站 116 mm,桐柏县栗子园雨量站 105 mm。平均降雨量:全省 10 mm,南阳市 31 mm,

信阳市 24 mm,驻马店市 9 mm,安阳市 6 mm,焦作市、濮阳市、三门峡市、平顶山市 3~4 mm,其他市均小于 2 mm。

受降雨影响,淮南支流潢河、浉河出现小的涨水过程。

(4)受副热带高压北侧弱切变线影响,8 月 10 日 8 时至 14 日 8 时,全省普降小到中雨,其中沿黄西部地区、信阳市降大到暴雨,局部大暴雨。累计最大点雨量:信阳市商城县黄柏山雨量站 182 mm,郑州荥阳市汜水雨量站 146 mm。累计降雨量大于 100 mm 的站点 48 处。平均降雨量:全省 26 mm,信阳市 57 mm,济源市 36 mm,焦作市 35 mm,郑州市、三门峡市、洛阳市、南阳市、驻马店市 25~30 mm,漯河市、开封市、平顶山市 20~23 mm,新乡市、商丘市、周口市、安阳市、许昌市 9~14 mm,濮阳市、鹤壁市 4~6 mm。

受降雨影响,淮河及淮南支流史灌河、潢河、竹竿河出现涨水过程。

(5)受冷空气南下影响,8 月 19 日 8 时至 21 日 8 时,全省普降小到中雨,其中京广线以东地区和三门峡市、洛阳市、济源市部分地区降中到大雨,局部暴雨。累计最大点雨量:商丘市梁园区彭园雨量站 111 mm,新乡市延津县常辛集雨量站 105 mm,三门峡市陕州区宽坪雨量站 98 mm。平均降雨量:全省 21 mm,濮阳市 56 mm,信阳市 54 mm,商丘市 39 mm,驻马店市 37 mm,周口市 30 mm,开封市 23 mm,鹤壁市、洛阳市、济源市、三门峡市、许昌市、新乡市、安阳市 7~17 mm,其他市均小于 5 mm。

受降雨影响,淮河及淮南支流出现涨水过程。

(6)受副热带高压北抬、冷空气南下和低涡共同影响,8 月 21 日 8 时至 23 日 8 时,黄河以北降小到中雨,沿黄及其以南地区普降大到暴雨,三门峡市、南阳市、平顶山市、许昌市、郑州市、开封市、驻马店市部分地区降大暴雨,局部特大暴雨。累计最大点雨量:平顶山市鲁山县熊背雨量站 240 mm,南阳市南召县粮食川雨量站 195 mm,开封市杞县沙沃雨量站 184 mm。累计降雨量大于 200 mm 的站点 4 处,100~200 mm 的站点 384 处。平均降雨量:全省 55 mm,开封市 114 mm,平顶山市 92 mm,三门峡市、许昌市 80 mm,济源市、漯河市、南阳市、商丘市 63~71 mm,驻马店市、郑州市、洛阳市 56~60 mm,周口市 46 mm,焦作市 39 mm,信阳市 25 mm,新乡市 22 mm,安阳市、鹤壁市、濮阳市 3~8 mm。

受降雨影响,淮河及淮南支流、洪汝河、丹江、唐白河、洛河、沙河、贾鲁河出现涨水过程。

(7)受异常偏北副热带高压外围气流影响,8 月 28 日 8 时至 31 日 8 时,淮河以北普降中到大雨,局部暴雨、大暴雨。累计最大点雨量:洛阳市栾川县核桃坪雨量站 245 mm,南阳市内乡县大块地雨量站 242 mm,三门峡市卢氏县上安沟雨量站 235 mm。累计降雨量大于 200 mm 的站点 28 处,100~200 mm 的站点 1 625 处。平均降雨量:全省 78 mm,郑州市 134 m,开封市 130 mm,新乡市 122 mm,焦作市 120 mm,许昌市、济源市、平顶山市、濮阳市、鹤壁市、洛阳市 102~115 mm,安阳市 96 mm,南阳市 92 mm,漯河市 80 mm,三门峡市 71 mm,商丘市 64 mm,周口市 37 mm,驻马店市 21 mm,信阳市 3 mm。

受降雨影响,丹江、唐白河、伊洛河、沙颍河、贾鲁河、惠济河、卫河(共产主义渠)出现涨水过程。

3.6　9月雨情

9月全省平均降雨量215.1 mm,较多年同期均值(79.3 mm)偏多1.7倍。其中:濮阳市偏多5.7倍,安阳市、鹤壁市偏多4.3倍,焦作市、开封市、济源市、新乡市偏多3.2~3.5倍,平顶山市、漯河市、郑州市、三门峡市、洛阳市偏多2~2.4倍,商丘市、许昌市偏多1.8倍,南阳市偏多1.2倍,周口市偏多九成多,驻马店市基本持平,信阳市偏少三成(见附图5、附图12及附表1-1、附表1-2)。本月全省有5次较明显的降雨过程:

(1)受副热带高压北抬影响,8月31日8时至9月2日8时,淮河以北大部分地区降中到大雨,三门峡市和南阳市桐柏县降暴雨。累计最大点雨量:三门峡市陕州区高庵雨量站113 mm、宫前雨量站106 mm,南阳市桐柏县赵庄水库站105 mm。平均降雨量:全省23 mm,三门峡市69 mm,洛阳市49 mm,济源市42 mm,许昌市、新乡市、开封市、郑州市、焦作市23~37 mm,驻马店市、濮阳市、安阳市、南阳市、商丘市、平顶山市、鹤壁市11~18 mm,信阳市、漯河市、周口市5~9 mm。

受降雨及上游来水影响,丹江及其支流、黄河及其支流出现涨水过程。

(2)受西部低涡东移影响,9月3日8时至6日8时,淮河以北普降中到大雨,平顶山市、漯河市、周口市和商丘市、濮阳市、鹤壁市、济源市部分地区降暴雨、大暴雨。累计最大点雨量:漯河市源汇区指挥寨雨量站214 mm,舞钢市罗庄巡测站198 mm,驻马店市西平县油坊张雨量站193 mm。平均降雨量:全省42 mm,漯河市121 mm,鹤壁市、济源市、商丘市、周口市、濮阳市62~65 mm,新乡市、开封市、安阳市、平顶山市50~59 mm,洛阳市、三门峡市43~46 mm,南阳市、许昌市、郑州市、焦作市31~38 mm,驻马店市19 mm,信阳市9 mm。

受降雨及上游来水影响,小洪河、颍河、惠济河、卫河(共产主义渠)出现洪水过程,澧河、丹江出现涨水过程。

(3)受槽线、低涡东移及副热带高压北抬影响,9月17日8时至20日8时,黄河以北及三门峡市、洛阳市、郑州市、平顶山市及南阳市北部、信阳市南部降暴雨、大暴雨,其他市降中到大雨。累计最大点雨量:洛阳市栾川县核桃坪雨量站213 mm、新安县仓田雨量站198 mm,林州市白泉雨量站197 mm。平均降雨量:全省70 mm,濮阳市155 mm,鹤壁市133 mm,焦作市、新乡市、洛阳市、三门峡市、济源市、安阳市114~122 mm,许昌市、南阳市、平顶山市、开封市、郑州市53~81 mm,周口市、驻马店市、商丘市、漯河市、信阳市17~36 mm。

受降雨及上游来水影响,伊洛河、共产主义渠、卫河、惠济河出现洪水过程,沁河、金堤河、丹江、唐白河、马颊河、贾鲁河、沙颍河出现涨水过程。

(4)受西太平洋副热带高压外围西南气流和冷空气南下及中尺度对流云团发展影响,9月23日8时至26日8时,淮河以北普降中到大雨,黄河以北及商丘市、开封市、许昌市、周口市西部降暴雨,南阳市南召县、方城县,平顶山市叶县、鲁山县降大暴雨,局部特大暴雨。累计最大点雨量:南阳市南召县杨西庄雨量站 487 mm、下石笼雨量站 482 mm,方城县母猪窝雨量站 481 mm。累计降雨量大于 400 mm 站点 7 处,100~300 mm 站点 984 处。平均降雨量:全省 67 mm,濮阳市 149 mm,济源市、鹤壁市、安阳市 120~129 mm,漯河市、新乡市、开封市、平顶山市 94~104 mm,商丘市、南阳市、焦作市 76~88 mm,三门峡市、周口市、洛阳市、郑州市、许昌市 49~69 mm,驻马店市 28 mm,信阳市 3 mm。

受降雨影响,唐白河、丹江、洛河、沁河、金堤河、沙颍河、澧河、贾鲁河、惠济河、卫河(共产主义渠)出现洪水过程。

(5)9 月 27 日 8 时至 29 日 8 时,河南省中西部、北部和驻马店市降小到中雨,三门峡市、洛阳市、济源市和郑州、焦作两市西部降中到大雨,局部暴雨。累计最大点雨量:洛阳市洛宁县长水水文站 140 mm,三门峡市陕州区铧尖咀雨量站 117 mm、高淹雨量站 104 mm。平均降雨量:全省 22 mm,三门峡市 61 mm,洛阳市 56 mm,焦作市、济源市、郑州市 42~46 mm,平顶山市、开封市、新乡市 20~29 mm,驻马店市、鹤壁市、濮阳市、南阳市、许昌市 11~16 mm,周口市、信阳市、漯河市、安阳市、商丘市 6~9 mm。

受降雨影响,伊洛河出现洪水过程,贾鲁河出现涨水过程。

第 4 章 水 情

4.1 主要暴雨洪水

汛期(5 月 15 日至 9 月 30 日)及 10 月上旬全省共出现 22 次主要暴雨洪水过程,其中 5 月 1 次,6 月 3 次,7 月 7 次,8 月 6 次,9 月 4 次,10 月 1 次。此外,黄河干流出现 3 次编号洪水。

7 月中下旬,卫河、贾鲁河发生流域性大洪水,卫河淇门以上全线超保,卫河干流及支流淇河、汤河、安阳河沿岸 8 个滞洪区启用;贾鲁河中牟水文站、扶沟水文站均出现超历史洪水,上游尖岗、常庄等中型水库入库流量均超设计流量,库水位超历史最高,郑州市区和新乡市、鹤壁市部分地区出现严重内涝。

8 月以后副热带高压异常偏北偏强,秋汛期暴雨洪水频发,特别是 9 月下旬,白河、沙河、澧河、伊洛河出现罕见的秋汛期暴雨洪水,澧河母猪窝雨量站最大 1 h 雨量 122.5 mm,与本站 9 月 1 h 雨量相比,为有记录以来最大,相当于"75·8"暴雨期间本站最大 2 h 降雨量 124 mm。受特大暴雨影响,白河鸭河口水库最大入库流量 18 200 m³/s,为有实测记录以来最大,最高库水位超设计水位,为建库以来最高;沙河支流澧河何口水文站、罗湾水位站出现超保证洪水,沙河干流漯河水文站、沙颍河周口水文站出现超警戒洪水;伊洛河黑石关水文站连续出现超警戒水位洪水,为有资料记录以来同期所罕见。

受"华西秋雨"影响,黄河干流 9 月下旬至 10 月上旬 9 d 内出现 3 次编号洪水,潼关水文站出现了 1979 年以来最大洪水,花园口水文站出现了 1996 年以来最大洪水。

4.1.1 5 月 13~15 日暴雨洪水

受冷空气东移南下影响,5 月 13 日 8 时至 16 日 8 时,全省普降小到中雨,局部大到暴雨,局地大暴雨。累计最大点雨量:信阳市商城县香子岗雨量站 172.5 mm、黑河雨量站 167 mm,南阳市镇平县赵湾水库雨量站 150 mm。暴雨区主要水文控制站上游平均降雨量:淮河息县水文站 44 mm、淮滨水文站 55 mm,竹竿河竹竿铺水文站 63 mm,潢河潢川水文站 70 mm,白露河北庙集水文站 66 mm,史灌河蒋家集水文站 71 mm。

受本次降雨影响,淮河干流及淮南部分支流出现一次小的涨水过程。

淮河息县水文站 5 月 16 日 14 时最大流量 470 m³/s ,20 时最高水位 34.66 m;淮滨水文站 18 日 4 时最大流量 697 m³/s,最高水位 23.34 m。竹竿河竹竿铺水文站 16 日 8 时最大流量 247 m³/s,最高水位 40.93 m。潢河潢川水文站 16 日 8 时最大流量 465 m³/s,最高水位 35.11 m 。白露河北庙集水文站 16 日 8 时最大流量 259 m³/s ,12 时最高水位 28.51 m。史灌河蒋家集水文站 16 日 12 时最大流量 438 m³/s,最高水位 27.14 m。

4.1.2　6 月 12~15 日暴雨洪水

受切变线影响,6 月 12 日 8 时至 15 日 8 时,全省普降小到中雨,部分地区大到暴雨、大暴雨,局部特大暴雨,降雨主要集中在驻马店市驿城区、确山县、泌阳县,南阳市社旗县,濮阳市市区、濮阳县,周口项城市、沈丘县。累计最大点雨量:驻马店市驿城区徐家庄雨量站 304 mm,南阳市社旗县坑黄雨量站 303 mm。暴雨区主要水文控制站上游平均降雨量:唐河唐河水文站 117 mm,白河南阳水文站 128 mm,汝河遂平水文站 171 mm,汝河板桥水库站 150 mm,汝河宿鸭湖水库站 108 mm。

受本次降雨影响,唐白河、小洪河、汝河出现涨水过程。

唐河唐河水文站 6 月 15 日 16 时最大流量 965 m³/s,最高水位 92.82 m;白河南阳水文站 14 日 17 时 18 分最大流量 685 m³/s,最高水位 112.54 m。汝河板桥水库 6 月 15 日 3 时最大入库流量 1 870 m³/s,14 时最高水位 110.66 m,相应蓄量 2.23 亿 m³。汝河遂平水文站 15 日 12 时 30 分最大流量 1 250 m³/s,最高水位 61.28 m(警戒水位 63.50 m)。汝河宿鸭湖水库 15 日 16 时 30 分最大入库流量 2 780 m³/s,出库流量 288 m³/s,20 时 10 分加大泄量至 501 m³/s,16 日 4 时最高水位 52.84 m,相应蓄量 2.45 亿 m³。受宿鸭湖水库泄水影响,汝河沙口水文站 16 日 10 时最大流量 485 m³/s,最高水位 42.12 m;洪河班台水文站 18 日 8 时最大流量 425 m³/s,最高水位 28.29 m(警戒水位 33.50 m)。

4.1.3　6 月 15~18 日暴雨洪水

受东北冷涡后部冷空气南下与副热带高压外围暖湿气流辐合影响,6 月 15 日 8 时至 18 日 8 时,全省普降小到中雨,信阳市普降大到暴雨,局部大暴雨。累计最大点雨量:信阳市光山县报安雨量站 225 mm,新县浒湾雨量站 211 mm。暴雨区主要水文控制站上游平均降雨量:竹竿河竹竿铺水文站 67 mm,潢河潢川水文站 104 mm,白露河北庙集水文站 88 mm,史灌河蒋家集水文站 94 mm。

受本次降雨影响,淮南支流出现小的涨水过程。

竹竿河竹竿铺水文站 6 月 18 日 8 时最大流量 186 m³/s,最高水位 40.27 m;潢河潢川水文站 17 日 23 时最大流量 420 m³/s,最高水位 35.01 m;白露河北庙集水文站 18 日 9 时最大流量 241 m³/s,最高水位 28.13 m;史灌河蒋家集水文站 18 日 14 时最大流量 814 m³/s,最高水位 28.16 m。

4.1.4　6 月 25~28 日暴雨洪水

受副热带高压北抬及南下冷空气影响,6 月 25 日 8 时至 29 日 8 时,全省除濮阳市外普降小雨,南阳市、驻马店市、信阳市降中到大雨,驻马店市南部及信阳市南部降暴雨、大暴雨。降雨主要集中在信阳市浉河区、商城县、新县、罗山县,驻马店市正阳县、确山县、新蔡县。累计最大点雨量:信阳市浉河区检柴沟水库雨量站 172 mm、林场雨量站 170 mm,商城县郭庙雨量站 164 mm。暴雨区主要水文控制站上游平均降雨量:淮河淮滨水文站

49 mm,洪河班台水文站 52 mm,浉河平桥水文站 92 mm,竹竿河竹竿铺水文站 59 mm,潢河潢川水文站 68 mm,白露河北庙集水文站 85 mm,史灌河蒋家集水文站 80 mm。

受本次降雨影响,淮河及淮南支流、洪河出现小的涨水过程。淮干淮滨水文站 6 月 30 日 2 时最大流量 360 m³/s,最高水位 23.36 m;洪河班台水文站 29 日 6 时最大流量 271 m³/s,最高水位 26.93 m;浉河平桥水文站 27 日 12 时 10 分最大流量 389 m³/s,最高水位 71.40 m;潢河潢川水文站 28 日 2 时最大流量 260 m³/s,最高水位 34.62 m;白露河北庙集水文站 28 日 5 时 38 分最大流量 512 m³/s,8 时最高水位 29.72 m;史灌河蒋家集水文站 28 日 14 时 48 分最大流量 544 m³/s,16 时最高水位 27.43 m。

4.1.5　7 月 1~2 日暴雨洪水

受副热带高压北抬及西南暖湿气流北上、弱冷空气南下的共同影响,7 月 1 日 8 时至 3 日 8 时,全省普降小到中雨,局部大到暴雨、大暴雨,雨量分布不均。降雨主要集中在信阳市新县、光山县、潢川县。累计最大点雨量:新县杨湾雨量站 202 mm。暴雨区主要水文控制站上游平均降雨量:淮河淮滨水文站 50 mm,潢河潢川水文站 107 mm,白露河北庙集水文站 72 mm,史灌河蒋家集水文站 50 mm。

受降雨影响,淮河及淮南支流出现小的涨水过程。淮河淮滨水文站 7 月 4 日 8 时最大流量 905 m³/s,12 时最高水位 23.73 m(警戒水位 29.50 m);潢河潢川水文站 3 日 12 时最大流量 1 010 m³/s,13 时最高水位 36.81 m(警戒水位 37.80 m);白露河北庙集水文站 4 日 0 时最大流量 476 m³/s,最高水位 29.72 m(警戒水位 31.00 m);史灌河蒋家集水文站 4 日 0 时最大流量 420 m³/s,4 时最高水位 27.05 m(警戒水位 32.00 m)。

4.1.6　7 月 5~8 日暴雨洪水

受副热带高压西伸北抬影响,7 月 5 日 8 时至 9 日 8 时,淮河以南及驻马店市南部、南阳市东部普降大到暴雨,其中信阳市东部降大暴雨。降雨主要集中在信阳市固始县、潢川县、淮滨县、息县和驻马店市新蔡县。累计最大点雨量:信阳固始县冯岗雨量站 393 mm、蒋家集水文站 344 mm。暴雨区主要水文控制站上游平均降雨量:淮河息县水文站 72 mm、淮滨水文站 102 mm,白露河北庙集水文站 101 mm,史灌河蒋家集水文站 152 mm。

受降雨影响,淮河及淮南支流白露河、史灌河出现涨水过程。淮河息县水文站 7 月 8 日 16 时最大流量 586 m³/s,20 时最高水位 32.85 m(警戒水位 41.5 m);淮河淮滨水文站 9 日 8 时最大流量 1 410 m³/s,最高水位 27.43 m(警戒水位 29.50 m);白露河北庙集水文站 9 日 0 时最大流量 636 m³/s,最高水位 30.79 m(警戒水位 31.00 m);史灌河蒋家集水文站 9 日 1 时 50 分最大流量 1 730 m³/s,5 时最高水位 30.11 m(警戒水位 32.00 m)。

4.1.7　7 月 10~11 日暴雨洪水

受西南低涡东移北上影响,7 月 10 日 8 时至 12 日 8 时,洛阳市、三门峡市、郑州市、平顶山市、漯河市、南阳市、驻马店市降小到中雨,黄河以北降大到暴雨,局部大暴雨、特大暴雨。累计最大点雨量:山西省晋城市阳城县窑头雨量站 367 mm、泽州县崔庄雨量站 298 mm。暴雨区主要水文控制站上游平均降雨量:沁河河口村水库站 116 mm,丹河山路坪水文站 99 mm。

受降雨影响,沁河及其支流丹河出现大洪水,卫河出现小的涨水过程。

沁河山里泉水文站 7 月 11 日 13 时 24 分最大流量 3 800 m³/s,最高水位 283.76 m;沁河河口村水库 7 月 11 日 8 时起调水位 231.66 m,蓄量 0.67 亿 m³,14 时 30 分最大入库流量 3 640 m³/s,出库流量 8.72 m³/s,16 时 50 分开闸泄洪,出库流量 300 m³/s,12 日 2 时 30 分最高水位 247.03 m,相应蓄量 1.16 亿 m³。沁河五龙口水文站 11 日 19 时 42 分最大流量 320 m³/s,最高水位 143.11 m;沁河武陟水文站 13 日 2 时最高水位 103.70 m,5 时 15 分最大流量 368 m³/s。沁河支流丹河山路坪水文站 11 日 15 时 54 分最大流量 1 170 m³/s (20 年一遇),为 1957 年以来最大流量,16 时 24 分最高水位 205.20 m,排建站以来第 4 位。

卫河五陵水文站 7 月 12 日 11 时 35 分最大流量 92.7 m³/s,20 时 10 分最高水位 50.94 m;卫河元村水文站 14 日 6 时最大流量 106 m³/s,最高水位 41.72 m。卫河支流安阳河横水水文站 11 日 21 时最大流量 134 m³/s,21 时 35 分最高水位 4.89 m;安阳河安阳水文站 12 日 5 时最大流量 77 m³/s,7 时最高水位 68.26 m。

4.1.8　7 月 12 日暴雨洪水

受副热带高压北抬影响,7 月 12 日 8 时至 13 日 8 时,信阳市、三门峡市、濮阳市、南阳市、洛阳市、新乡市部分地区降中到大雨,局部暴雨,降雨主要集中在信阳市潢川县、光山县、新县及固始县。最大点雨量:信阳市潢川县万大桥雨量站 95 mm。暴雨区主要水文控制站上游平均降雨量:淮河淮滨水文站 39 mm,潢河潢川水文站 56 mm,白露河北庙集水文站 63 mm,史灌河蒋家集水文站 32 mm。

受降雨影响,淮河及淮南支流出现小的涨水过程。

淮干淮滨水文站 7 月 14 日 20 时最大流量 550 m³/s,最高水位 25.11 m;潢河潢川水文站 14 日 2 时最大流量 550 m³/s,最高水位 35.35 m;白露河北庙集水文站 14 日 5 时最大流量 460 m³/s,最高水位 29.55 m;史灌河蒋家集水文站 14 日 9 时最大流量 443 m³/s,最高水位 27.12 m。

4.1.9　7 月 14~16 日暴雨洪水

受副热带高压北抬影响,7 月 14 日 8 时至 17 日 8 时,全省大部分地区降阵雨、雷阵雨,部分地区降暴雨、大暴雨,雨量分布不均。累计最大点雨量:许昌市襄城县大陈水文站 263 mm,信阳平桥区新集雨量站 248 mm,永城市黄口集闸站 236 mm。暴雨区主要水文控制站上游平均降雨量:淮河干流息县水文站 61 mm、淮滨水文站 34 mm,潢河潢川水文站 45 mm 白露河北庙集水文站 47 mm,史灌河蒋家集水文站 50 mm。

受降雨和水库泄水影响,淮河及淮南支流出现涨水过程。

淮河息县水文站 7 月 20 日 6 时最大流量 1 220 m³/s,最高水位 34.26 m(警戒水位 41.50 m);淮滨水文站 21 日 0 时最大流量 1 180 m³/s,最高水位 25.78 m(警戒水位 29.50 m)。潢河潢川水文站 18 日 0 时最大流量 750 m³/s,最高水位 35.91 m(警戒水位 37.80 m);白露河北庙集水文站 18 日 7 时最大流量 429 m³/s,最高水位 29.56 m(警戒水位 31.00 m);史灌河蒋家集水文站 18 日 16 时最大流量 1 440 m³/s,最高水位 29.53 m(警戒水位 32.00 m)。

4.1.10　7 月 17~23 日暴雨洪水

受深厚的东风急流及稳定的低涡切变线影响,配合河南省太行山区、伏牛山区特殊地形对偏东气流的强辐合抬升效应,7 月 17 日 8 时至 24 日 8 时,全省普降大到暴雨,郑州市、安阳市、鹤壁市、新乡市、焦作市、济源市、平顶山市、漯河市降暴雨、大暴雨,局部特大暴雨。累计最大点雨量:辉县市龙水梯雨量站 1 159 mm,新乡市凤泉区分将池雨量站 970 mm,郑州市中原区尖岗水库雨量站 956 mm,焦作市修武县东岭后雨量站 953 mm,卫辉市猴头脑雨量站 948 mm。暴雨区主要水文控制站上游平均降雨量:大沙河修武水文站 454 mm,共产主义渠合河水文站 546 mm,共产主义渠黄土岗水文站(合河—黄土岗区间) 725 mm,卫河淇门水文站(合河—淇门区间,不含淇河) 662 mm,卫河五陵水文站(淇门五陵区间) 408 mm,卫河元村水文站 546 mm,淇河盘石头水库水文站 588 mm,淇河新村水文站(盘石头—新村区间) 569 mm,安阳河小南海水库水文站 493 mm,安阳河安阳水文站(小南海—安阳区间) 601 mm,贾鲁河尖岗水库水文站 762 mm,贾鲁河常庄水库水文站 682 mm,贾鲁河中牟水文站 577 mm,贾鲁河扶沟水文站 451 mm,双洎河新郑水文站 606 mm,颍河告成水文站 417 mm,颍河白沙水库水文站 445 mm,沙河昭平台水库水文站 371 mm,唐白河鸭河口水库水文站 265 mm,沁河河口村水库水文站 306 mm。

受暴雨影响,卫河淇门以上出现大洪水,上游出现区域性特大洪水;贾鲁河出现大洪水,上游出现区域性特大洪水;卫河、共产主义渠、淇河、安阳河 4 条河流出现超保证洪水,小洪河、颍河、惠济河、伊河、洛河、沁河 6 条河流出现超警戒洪水;贾鲁河中牟水文站、扶沟水文站,洛河上游卢氏水文站出现有实测记录以来最大洪水;大沙河修武水文站,共产主义渠合河水文站、黄土岗水文站、刘庄水文站,卫河汲县水文站、淇门水文站、五陵水文站,安阳河横水水文站出现有实测记录以来最高水位或最大流量;全省先后共有 15 座大型水库、52 座中型水库超汛限水位,其中 14 座大中型水库出现建库以来最高水位。卫河流域相继启用了广润坡、崔家桥、良相坡、共渠西、长虹渠、柳围坡、白寺坡和小滩坡 8 个蓄滞洪区分滞洪水。

4.1.10.1　河道水情

1.卫河

大沙河修武水文站 7 月 18 日 8 时起涨流量 5.05 m³/s,水位 79.19 m,22 日 19 时洪峰流量 343 m³/s,超有实测记录以来最大流量(203 m³/s) 140 m³/s,超保证流量(230 m³/s) 113 m³/s,洪峰水位 83.65 m,超有实测记录以来最高水位(83.02 m) 0.63 m,超保证水位

(83.50 m)0.15 m,超警戒水位(82.00 m)1.65 m,水位超保证历时 15 h,超警戒历时 121 h。最大 3 d 洪量 0.645 亿 m^3,最大 7 d 洪量 1.020 亿 m^3。

共产主义渠合河水文站 7 月 18 日 8 时起涨流量 6.25 m^3/s,水位 72.54 m,23 日 11 时洪峰流量 1 320 m^3/s,超保证流量(1 000 m^3/s)320 m^3/s,洪峰水位 76.77 m,超有实测记录以来最高水位(75.90 m)0.87 m,超保证水位(75.80 m)0.97 m,超警戒水位(74.00 m)2.77 m,水位超保证历时 97 h,超警戒历时 379 h。最大 3 d 洪量 2.739 亿 m^3,超五十年一遇设计洪量(2.480 亿 m^3),最大 7 d 洪量 4.136 亿 m^3,接近百年一遇设计洪量(4.688 亿 m^3)。

共产主义渠黄土岗水文站 7 月 19 日 8 时起涨流量 8.90 m^3/s,水位 67.08 m,24 日 0 时洪峰流量 1 140 m^3/s,洪峰水位 73.67 m,超保证水位(71.50 m)2.17 m,超警戒水位(70.00 m)3.67 m,超有实测记录以来最高水位(71.48 m)2.19 m,水位超保证历时 164 h,超警戒历时 278 h。最大 3 d 洪量 2.374 亿 m^3,最大 7 d 洪量 3.881 亿 m^3。

共产主义渠刘庄水文站 7 月 18 日 20 时起涨流量 6.50 m^3/s,水位 60.71 m,22 日 19 时 30 分洪峰水位 67.25 m,超保证水位(66.20 m)1.05 m,超警戒水位(64.44 m)2.81 m,超有实测记录以来最高水位(66.24 m)1.01 m。24 日 15 时洪峰流量 523 m^3/s,超保证流量(400 m^3/s)123 m^3/s,水位超保证历时 76 h,超警戒历时 308 h。最大 3 d 洪量 1.237 亿 m^3,最大 7 d 洪量 2.685 亿 m^3。

卫河汲县水文站 7 月 19 日 8 时起涨流量 6.65 m^3/s,水位 67.07 m,24 日 8 时洪峰流量 265 m^3/s,超有实测记录以来最大流量(260 m^3/s)5 m^3/s,超保证流量(160 m^3/s)105 m^3/s;洪峰水位 72.76 m,超有实测记录以来最高水位(70.77 m)1.99 m,超保证水位(71.20 m)1.56 m,超警戒水位(69.20 m)3.56 m,水位超保证历时 92 h,超警戒历时 290 h。最大 3 d 洪量 0.607 亿 m^3,最大 7 d 洪量 1.090 亿 m^3。

卫河淇门水文站 7 月 18 日 20 时起涨流量 25.9 m^3/s,水位 60.58 m,22 日 18 时 30 分洪峰流量 460 m^3/s,超保证流量(400 m^3/s)60 m^3/s,23 日 0 时洪峰水位 68.03 m,超有实测记录以来最高水位(67.45 m)0.58 m,超保证水位(66.40 m)1.63 m,超警戒水位(64.10 m)3.93 m,水位超保证历时 77 h,超警戒历时 328 h。最大 3 d 洪量 0.937 亿 m^3,接近五年一遇设计洪量(1.090 亿 m^3),最大 7 d 洪量 1.907 亿 m^3,接近十年一遇设计洪量(2.050 亿 m^3)。

卫河五陵水文站 7 月 18 日 8 时起涨流量 26.0 m^3/s,水位 48.99 m,31 日 11 时洪峰流量 861 m^3/s,超有实测记录以来最大流量(749 m^3/s)112 m^3/s,洪峰水位 56.44 m,超警戒水位(56.00 m)0.44 m,超警戒历时 120 h。最大 3 d 洪量 2.192 亿 m^3,最大 7 d 洪量 4.767 亿 m^3。

卫河元村水文站 7 月 18 日 8 时起涨流量 38.9 m^3/s,水位 39.86 m,25 日 6 时洪峰流量 947 m^3/s,洪峰水位 47.98 m,超警戒水位(47.68 m)0.30 m,超警戒历时 76 h。最大 3 d 洪量 2.388 亿 m^3,最大 7 d 洪量 5.375 亿 m^3。

淇河新村水文站 7 月 20 日 8 时起涨流量 1.90 m³/s ,水位 97.14 m,22 日 8 时洪峰流量 1 080 m³/s,洪峰水位 100.53 m,超保证水位(99.50 m)1.03 m,超保证历时 6 h。

安阳河横水水文站 7 月 17 日 8 时起涨流量 1.15 m³/s ,水位 2.46 m,22 日 7 时洪峰流量 607 m³/s,洪峰水位 6.94 m,超有实测记录以来最高水位(6.80 m)0.14 m。

安阳河安阳水文站 22 日 13 时 25 分洪峰流量 1 890 m³/s,超保证流量(1 180 m³/s)710 m³/s,13 时 30 分洪峰水位 74.99 m,超警戒水位(73.18 m)1.81 m,超警戒历时 8 h。最大 3 d 洪量 1.590 亿 m³,最大 7 d 洪量 1.820 亿 m³。

2. 沙颍河

贾鲁河中牟水文站 7 月 21 日 15 时洪峰流量 600 m³/s,超有实测记录以来最大流量(245 m³/s)355 m³/s,重现期二十年一遇;洪峰水位 79.40 m,超有实测记录以来最高水位(77.69 m)1.71 m。最大 3 d 洪量 1.179 亿 m³,最大 7 d 洪量 1.789 亿 m³。

贾鲁河扶沟水文站 7 月 24 日 10 时洪峰流量 316 m³/s,16 时洪峰水位 59.54 m,超有实测记录以来最高水位(58.78 m)0.76 m。最大 3 d 洪量 0.786 亿 m³,最大 7 d 洪量 1.604 亿 m³。

贾鲁河支流双泊河新郑水文站 7 月 21 日 6 时洪峰流量 1 400 m³/s,重现期超十年一遇,洪峰水位 103.14 m。最大 3 d 洪量 0.791 亿 m³,最大 7 d 洪量 0.950 亿 m³。

颍河告成水文站 7 月 20 日 13 时洪峰流量 900 m³/s,洪峰水位 241.75 m。最大 3 d 洪量 0.620 亿 m³,最大 7 d 洪量 0.716 亿 m³。

北汝河汝州水文站 7 月 20 日 16 时最大流量 815 m³/s,20 日 9 时最高水位 193.69 m;大陈水文站 21 日 8 时 40 分最大流量 956 m³/s。

沙河支流荡泽河下孤山水文站 7 月 20 日 6 时 16 分洪峰流量 980 m³/s,洪峰水位 209.38 m。沙河中汤水文站 20 日 4 时 40 分洪峰流量 2 470 m³/s,洪峰水位 211.97 m;马湾水文站 22 日 6 时洪峰流量 1 580 m³/s,洪峰水位 66.49 m;漯河水文站 22 日 14 时洪峰流量 1 560 m³/s,16 时洪峰水位 58.71 m(警戒水位 59.50 m)。

颍河周口水文站 7 月 23 日 7 时洪峰流量 2 000 m³/s,洪峰水位 48.16 m,超警戒水位(46.10 m)2.06 m,超警戒历时 162 h;槐店水文站 24 日 0 时洪峰流量 2 200 m³/s,9 时洪峰水位 37.95 m,超警戒水位(37.86 m)0.09 m,超警戒历时 20 h。

3. 洪汝河

小洪河杨庄水文站 7 月 22 日 10 时洪峰流量 322 m³/s,洪峰水位 64.53 m,超警戒水位(64.50 m)0.03 m;桂李水文站 22 日 15 时洪峰流量 320 m³/s,洪峰水位 61.00 m,超警戒水位(60.50 m)0.50 m;五沟营水文站 22 日 19 时洪峰流量 308 m³/s,洪峰水位 55.67 m,超警戒水位(55.29 m)0.38 m;洪河班台水文站 24 日 14 时最大流量 895 m³/s,最高水位 32.05 m。

4. 黄河

文岩渠朱付村水文站 7 月 22 日 17 时最大流量 76.0 m³/s,最高水位 71.67 m。

沁河武陟水文站 7 月 23 日 5 时 48 分最大流量 1 440 m³/s,最高水位 106.01 m,超警戒水位(105.67 m)0.34 m;沁河支流丹河山路坪水文站 22 日 15 时 12 分最大流量 1 020 m³/s,14 时 42 分最高水位 204.90 m。

洛河卢氏水文站 7 月 23 日 18 时 54 分洪峰流量 2 610 m³/s,洪峰水位 553.76 m。

5. 惠济河

惠济河大王庙水文站 7 月 23 日 2 时最大流量 113 m³/s,最高水位 58.65 m,超警戒水位(57.40 m)1.25 m,超警戒历时 108 h。

6. 丹江、唐白河

丹江支流老灌河西峡水文站 7 月 22 日 21 时 10 分最大流量 990 m³/s,最高水位 76.97 m。

唐河唐河水文站 7 月 22 日 10 时最大流量 250 m³/s,最高水位 91.01 m。白河南阳水文站 22 日 13 时 18 分最大流量 570 m³/s,最高水位 112.08 m。

4.1.10.2 水库水情

1. 卫河

淇河盘石头水库 7 月 17 日 8 时起调水位 225.28 m,蓄量 0.82 亿 m³,22 日 5 时最大入库流量 2 710 m³/s,重现期二十年一遇,出库流量 7.20 m³/s,22 日 14 时泄洪洞开闸泄洪,出库流量 52.8 m³/s,23 日 10 时加大泄量至 300 m³/s,24 日 16 时最高库水位 257.91 m(相应蓄量 3.51 亿 m³),超汛限水位(245.00 m)12.91 m,达到建库以来最高。最大 1 d 入库洪量 1.209 亿 m³,最大 3 d 入库洪量 2.394 亿 m³,最大 7 d 入库洪量 3.450 亿 m³。

安阳河小南海水库 7 月 19 日 15 时起调水位 158.55 m,蓄量 0.14 m³,22 日 6 时最大入库流量 1 380 m³/s,出库流量 61 m³/s;22 日 11 时 30 分溢洪道开闸泄洪,出库流量 300 m³/s,23 日 2 时 30 分最大出库流量 850 m³/s,22 日 14 时 30 分最高库水位 176.74 m(相应蓄量 0.61 亿 m³),超汛限水位(160.00 m)16.74 m,超建库以来最高水位(175.42 m)1.32 m。最大 1 d 入库洪量 0.449 亿 m³,最大 3 d 入库洪量 0.877 亿 m³,最大 7 d 入库洪量 0.983 亿 m³。

2. 沙颍河

贾鲁河尖岗水库 7 月 19 日 8 时起调水位 145.08 m,蓄量 0.18 亿 m³,20 日 19 时最大入库流量 1 090 m³/s,超百年一遇设计洪峰流量(963 m³/s),出库流量 0,20 日 20 时 50 分泄洪洞开闸泄洪,泄洪流量 64.1 m³/s,21 日 6 时 30 分最高水位 153.63 m,超建库以来最高水位(150.39 m)3.24 m,超汛限水位(150.55 m)3.08 m,距离溢洪道底高程(154.75 m)1.12 m。最大 1 d 入库洪量 0.285 亿 m³,接近五千年一遇设计洪量(0.359 亿 m³)。

贾鲁河常庄水库 7 月 19 日 8 时起调水位 126.63 m,蓄量 0.053 亿 m³,20 日 18 时 10 分最大入库流量 905 m³/s,超百年一遇设计洪峰流量(761 m³/s),出库流量 430 m³/s,20 日 19 时 10 分最高水位 131.31 m,超建库以来最高水位(128.73 m)2.58 m,超汛限水位(127.49 m)3.82 m,蓄量 0.11 亿 m³。最大 1 d 入库洪量 0.162 亿 m³,超百年一遇设计洪量(0.096 1 亿 m³),最大 3 d 入库洪量 0.213 亿 m³,接近五千年一遇设计洪量(0.275 亿 m³)。

贾鲁河支流索河丁店水库 7 月 20 日 17 时最大入库流量 2 940 m³/s,超百年一遇设计洪峰流量(2 889 m³/s),出库流量 6.80 m³/s,21 日 12 时最高水位 178.81 m,超建库以来最高水位(174.55 m)4.26 m,超兴利水位(175.00 m)3.81 m,距溢洪道底高程(179.50 m)0.69 m。最大 1 d 入库洪量 0.323 亿 m³,超百年一遇设计洪量(0.321 亿 m³)。

贾鲁河支流索河楚楼水库 7 月 24 日 2 时最高水位 150.08 m,超建库以来最高水位(149.94 m)0.14 m,超汛限水位(146.50 m)3.58 m,超正常高水位(149.50 m)0.58 m。最大 1 d 入库洪量 0.048 5 亿 m³。

贾鲁河支流十八里河后胡水库 7 月 21 日 8 时最高水位 155.00 m,超建库以来最高水位(152.50 m)2.50 m,超溢洪道底高程(153.50 m)1.50 m。最大 1 d 入库洪量 0.079 6 亿 m³,接近五十年一遇设计洪量(0.080 1 亿 m³)。

贾鲁河支流双洎河五星水库 7 月 21 日 4 时最高水位 218.94 m,超建库以来最高水位(218.05 m)0.89 m,超溢洪道底高程(218.00 m)0.94 m,超汛限水位(216.00 m)2.94 m。最大 1 d 入库洪量 0.031 亿 m³。

贾鲁河支流双洎河李湾水库 7 月 21 日 8 时最高水位 328.40 m,超建库以来最高水位(328.25 m)0.15 m,超溢洪道底高程(327.50 m)0.90 m,超汛限水位(327.50 m)0.90 m。最大 1 d 入库洪量 0.153 亿 m³,超五十年一遇设计洪量(0.132 5 亿 m³)。

贾鲁河支流双洎河佛耳岗水库 7 月 21 日 8 时最大入库流量 1 530 m³/s,出库流量 1 440 m³/s,最高水位 95.83 m,超建库以来最高水位(94.24 m)1.59 m,超正常高水位(94.00 m)1.83 m,超汛限水位(93.30 m)2.53 m。

颍河白沙水库 7 月 19 日 6 时起调水位 211.96 m,蓄量 0.16 亿 m³,20 日 20 时最大入库流量 2 680 m³/s,21 日 0 时泄洪洞、溢洪道开闸泄洪(建库 68 年以来首次泄洪),泄量 150 m³/s,21 日 3 时最大泄量 200 m³/s,22 日 16 时最高库水位 225.62 m,超正常高水位(225.00 m)0.62 m,超汛限水位(223.00 m)2.62 m,蓄量 1.19 亿 m³。最大 1 d 入库洪量 0.713 亿 m³,最大 3 d 入库洪量 1.080 亿 m³。

颍河支流石淙河纸房(登封)水库 7 月 20 日 12 时最高水位 451.80 m,超建库以来最高水位(451.41 m)0.39 m,超溢洪道底高程(449.50 m)2.30 m,超汛限水位(448.00 m)3.80 m。最大 1 d 入库洪量 0.127 亿 m³,接近百年一遇设计洪量(0.138 亿 m³)。

沙河昭平台水库 7 月 19 日 8 时起调水位 165.98 m,蓄量 1.54 亿 m³,20 日 7 时最大入库流量 8 300 m³/s,出库流量 532 m³/s,22 日 17 时最高水位 172.93 m,超汛限水位(166.90 m)6.03 m,蓄量 3.56 亿 m³。最大 1 d 入库洪量 1.154 亿 m³,最大 3 d 入库洪量 2.716 亿 m³。

沙河白龟山水库 7 月 19 日 8 时起调水位 102.16 m,蓄量 2.50 亿 m³,21 日 15 时最大入库流量 1 300 m³/s,出库流量 606 m³/s,23 日 15 时最高水位 103.22 m,超汛限水位(102.60 m)0.62 m,蓄量 3.16 亿 m³。最大 1 d 入库洪量 0.871 亿 m³,最大 3 d 入库洪量 2.120 亿 m³。

沙河支流澧河孤石滩水库 7 月 19 日 6 时起调水位 149.75 m,蓄量 0.41 亿 m³,20 日 8 时 30 分最大入库流量 314 m³/s,出库流量 3.20 m³/s,25 日 3 时最高水位 152.01 m,超汛限水位(151.50 m)0.51 m,蓄量 0.61 亿 m³。

澧河支流甘江河燕山水库 7 月 18 日 14 时起调水位 103.59 m,蓄量 1.45 亿 m³,21 日 17 时最大入库流量 1 120 m³/s,出库流量 15.0 m³/s,21 日 23 时泄洪洞开闸泄洪,出库流量 215 m³/s,22 日 1 时最高水位 105.39 m,超汛限水位(104.20 m)1.19 m,蓄量 1.97 亿 m³。

北汝河前坪水库 7 月 19 日 8 时起调水位 392.09 m,蓄量 2.12 亿 m³,25 日 14 时最高水位 399.84 m(蓄量 2.85 亿 m³),超 2014 年建库以来最高库水位(385.75 m)14.09 m,14 时首次启用泄洪洞,泄洪流量 150 m³/s。

北汝河支流黄涧河安沟水库 7 月 21 日 6 时最高水位 270.87 m,超建库以来最高水位(270.63 m)0.24 m。

3. 黄河

沁河河口村水库 7 月 18 日 12 时起调水位 237.76 m,蓄量 0.85 亿 m³,22 日 22 时最大入库流量 1 520 m³/s,出库流量 507 m³/s,23 日 7 时 30 分最高水位 262.09 m(蓄量 1.81 亿 m³)。

伊洛河支流坞罗河坞罗水库 7 月 20 日 21 时最高水位 256.67 m,超建库以来最高水位(252.69 m)3.98 m。

黄河支流枯河唐岗水库 7 月 21 日 9 时最高水位 118.76 m,超建库以来最高水位(118.20 m)0.56 m。

4. 唐白河

白河鸭河口水库 7 月 19 日 8 时起调水位 174.51 m,蓄量 6.42 亿 m³,20 日 5 时 30 分最大入库流量 7 460 m³/s,出库流量 78.0 m³/s,20 日 18 时开启溢洪道闸门泄洪,出库流量 300 m³/s,23 日 3 时最高水位 177.70 m(蓄量 8.93 亿 m³),超汛限水位(175.70 m)2.00 m。

4.1.11　7 月 27~28 日暴雨洪水

受台风"烟花"外围云系影响,7 月 27 日 8 时至 29 日 8 时,京广线以东地区降中到大雨,其中信阳市、周口市、商丘市、濮阳市普降大到暴雨,局部大暴雨。累计最大点雨量:商丘市夏邑县夏邑雨量站 183 mm,信阳市商城县大门楼水库站 183 mm。暴雨区主要水文控制站上游平均降雨量:潢河潢川水文站 46 mm,白露河北庙集水文站 51 mm,史灌河蒋集水文站 57 mm。

受降雨影响,潢河、白露河、史灌河出现小的涨水过程。潢河潢川水文站 7 月 29 日 8 时最大流量 249 m³/s,最高水位 34.52 m;白露河北庙集水文站 29 日 19 时最大流量 210 m³/s,最高水位 28.21 m;史灌河蒋家集水文站 29 日 8 时最大流量 1 020 m³/s,11 时最高水位 28.66 m(警戒水位 32.00 m)。

4.1.12 8月8~9日暴雨洪水

受副热高压北抬及南下冷空气影响,8月8日8时至10日8时,全省普降小雨,其中南阳市、信阳市、驻马店市降中到大雨,局部暴雨。累计最大点雨量:南阳市邓州市杨庄雨量站116 mm,桐柏县栗子园雨量站105 mm。暴雨区主要水文控制站上游平均降雨量:潢河潢川水文站18 mm,浉河平桥水文站47 mm。

受降雨影响,淮南支流潢河、浉河出现小的涨水过程。潢河潢川水文站10日6时最大流量120 m³/s,最高水位34.26 m;浉河平桥水文站9日13时最大流量136 m³/s,最高水位70.99 m。

4.1.13 8月10~13日暴雨洪水

受副热带高压北侧弱切变线影响,8月10日8时至14日8时,全省普降小到中雨,其中沿黄西部地区、信阳市降大到暴雨,局部大暴雨。累计最大点雨量:信阳市商城县黄柏山雨量站182 mm,郑州荥阳市汜水雨量站146 mm。暴雨区主要水文控制站上游平均降雨量:淮河息县水文站47 mm、淮滨水文站39 mm,潢河潢川水文站65 mm,竹竿河竹竿铺水文站65 mm,史灌河蒋集水文站83 mm。

受降雨影响,淮河及淮南支流竹竿河、潢河、史灌河出现小的涨水过程。淮河息县水文站8月15日6时最大流量330 m³/s,最高水位31.76 m;淮滨水文站16日0时最大流量342 m³/s,最高水位22.85 m。竹竿河竹竿铺水文站14日12时54分最大流量153 m³/s,最高水位39.83 m。潢河潢川水文站14日20时最大流量170 m³/s,最高水位34.35 m。史灌河蒋家集水文站14日16时最大流量590 m³/s,最高水位27.53 m。

4.1.14 8月19~20日暴雨洪水

受冷空气南下影响,8月19日8时至21日8时,全省普降小到中雨,其中京广线以东地区和三门峡市、洛阳市、济源市部分地区降中到大雨,局部暴雨。累计最大点雨量:商丘市梁园区彭园雨量站111 mm,新乡市延津县常辛集雨量站105 mm,三门峡市陕州区宽坪雨量站98 mm。暴雨区主要水文控制站上游平均降雨量:淮河息县水文站54 mm,淮滨水文站55 mm,竹竿河竹竿铺水文站60 mm,潢河潢川水文站58 mm,史灌河蒋集水文站49 mm。

受降雨影响,淮河及淮南山区支流出现小的涨水过程。

淮河干流息县水文站8月21日20时最大流量690 m³/s,22日2时最高水位32.84 m;淮滨水文站22日18时最大流量1 030 m³/s,最高水位24.58 m。竹竿河竹竿铺水文站21日16时33分最大流量191 m³/s,最高水位40.30 m。潢河潢川水文站21日16时最大流量416 m³/s,最高水位35.04 m。史灌河蒋家集水文站21日19时最大流量378 m³/s,最高水位26.92 m。白露河北庙集水文站21日18时最大流量390 m³/s,最高水位29.01 m。浉河平桥水文站20日21时32分最大流量262 m³/s,最高水位71.12 m。

4.1.15　8 月 21~22 日暴雨洪水

受副热带高压北抬、冷空气南下和低涡的共同影响,8 月 21 日 8 时至 23 日 8 时,黄河以北降小到中雨,沿黄及其以南地区普降大到暴雨,三门峡市、南阳市、平顶山市、许昌市、郑州市、开封市、驻马店市部分地区降大暴雨,局部特大暴雨。累计最大点雨量:平顶山市鲁山县熊背雨量站 240 mm,南阳市南召县粮食川雨量站 195 mm,开封市杞县沙沃雨量站 184 mm。暴雨区主要水文控制站上游平均降雨量:淮河息县水文站 49 mm、淮滨水文站 27 mm,贾鲁河中牟水文站 59 mm,鸭河口子河水文站 145 mm,唐河唐河水文站 77 mm,洛河卢氏水文站 67 mm。

受降雨影响,淮河及淮南支流、沙河、贾鲁河、洪汝河、丹江、唐白河、洛河出现涨水过程。

淮河干流息县水文站 8 月 24 日 18 时最大流量 1 140 m³/s,最高水位 34.05 m;淮滨水文站 25 日 6 时最大流量 1 490 m³/s,25 日 14 时最高水位 26.81 m。浉河平桥水文站 23 日 16 时最大流量 248 m³/s,最高水位 71.05 m。竹竿河竹竿铺水文站 24 日 10 时最大流量 326 m³/s,最高水位 41.31 m。

小洪河杨庄水文站 8 月 23 日 14 时最大流量 75.0 m³/s,最高水位 60.76 m;桂李水文站 23 日 18 时最大流量 73.1 m³/s,最高水位 57.84 m。

汝河遂平水文站 8 月 23 日 6 时 28 分最大流量 478 m³/s,最高水位 57.93 m;沙口水文站 23 日 20 时最大流量 410 m³/s,最高水位 41.66 m。洪河班台水文站 24 日 22 时最大流量 640 m³/s,最高水位 30.33 m。

贾鲁河中牟水文站 8 月 23 日 3 时 55 分最大流量 226 m³/s,最高水位 75.82 m;扶沟水文站 26 日 10 时最大流量 84.8 m³/s,最高水位 57.36 m。贾鲁河支流双洎河新郑水文站 23 日 3 时最大流量 95.5 m³/s,最高水位 97.28 m。

丹江荆紫关水文站 8 月 23 日 1 时最大流量 1 360 m³/s,最高水位 213.37 m;丹江支流老灌河米坪水文站 22 日 16 时 24 分最大流量 547 m³/s,最高水位 5.27 m;老灌河西峡水文站 23 日 8 时最大流量 300 m³/s,最高水位 75.51 m。

白河白土岗水文站 8 月 22 日 19 时 5 分最大流量 628 m³/s,最高水位 180.52 m;白河支流黄鸭河李青店水文站 22 日 14 时 17 分最大流量 670 m³/s,最高水位 199.67 m;鸭河口子河水文站 22 日 17 时最大流量 1 210 m³/s,最高水位 93.73 m;湍河内乡水文站 23 日 4 时 12 分最大流量 298 m³/s,水位 95.68 m。

唐河唐河水文站 8 月 23 日 8 时 54 分最大流量 1 000 m³/s,最高水位 92.95 m;郭滩水文站 23 日 11 时 43 分最大流量 1 760 m³/s,23 日 15 时最高水位 84.42 m;唐河支流三夹河平氏水文站 23 日 7 时最大流量 270 m³/s,最高水位 0.61 m。

洛河卢氏水文站 8 月 22 日 18 时最大流量 1 370 m³/s,最高水位 552.53 m。

4.1.16　8 月 28~30 日暴雨洪水

受异常偏北副热带高压外围气流影响,8 月 28 日 8 时至 31 日 8 时,淮河以北普降中到大雨,局部暴雨、大暴雨。累计最大点雨量:洛阳市栾川县核桃坪雨量站 245 mm,南阳市内乡县大块地雨量站 242 mm,三门峡市卢氏县上安沟雨量站 235 mm。暴雨区主要水文控制站上游平均降雨量:老灌河西峡水文站 145 mm,白河白土岗水文站 137 mm,白河新店铺水文站 80 mm,伊河东湾水文站 127 mm,贾鲁河中牟水文站 132 mm。

受降雨影响,丹江、唐白河、伊洛河、沙颍河、贾鲁河、惠济河、卫河(共产主义渠)出现涨水过程,其中沙颍河、惠济河、共产主义渠 3 条河道超警戒水位。

4.1.16.1 丹江

丹江荆紫关水文站 8 月 29 日 12 时 30 分最大流量 1 380 m³/s,最高水位 213.53 m。丹江支流老灌河米坪水文站 29 日 15 时 24 分最大流量 709 m³/s,最高水位 5.67 m;西峡水文站 29 日 16 时洪峰流量 2 740 m³/s,29 日 18 时最高水位 79.34 m,最大 3 d 洪量 2.840 亿 m³。丹江支流淇河西坪站 29 日 9 时 48 分最大流量 372 m³/s,最高水位 93.80 m。

4.1.16.2 唐白河

白河白土岗水文站 8 月 29 日 21 时 38 分最大流量 1 200 m³/s,最高水位 181.48 m;南阳水文站 31 日 3 时最大流量 1 520 m³/s,最高水位 113.19 m;新店铺水文站 31 日 11 时最大流量 2 860 m³/s,最高水位 79.31 m。白河支流黄鸭河李青店水文站 30 日 10 时 15 分最大流量 341 m³/s,最高水位 198.96 m。白河支流鸭河口子河水文站 30 日 8 时 42 分最大流量 281 m³/s,最高水位 92.92 m。白河支流湍河内乡水文站 29 日 22 时 40 分最大流量 814 m³/s,水位 96.60 m;汲滩水文站 30 日 10 时最高水位 95.09 m,10 时 21 分最大流量 998 m³/s。

唐河社旗水文站 8 月 30 日 16 时 30 分最大流量 600 m³/s,最高水位 111.41 m;唐河水文站 31 日 2 时最大流量 850 m³/s,最高水位 92.47 m;郭滩水文站 30 日 16 时 1 分最大流量 997 m³/s,最高水位 82.90 m。

4.1.16.3 伊洛河

伊河潭头水文站 8 月 29 日 15 时 54 分最大流量 1 230 m³/s,最高水位 471.55 m,受连续降雨影响再次出现涨水过程,30 日 14 时 54 分最大流量 974 m³/s,最高水位 471.33 m;东湾水文站 29 日 17 时 24 分最大流量 1 440 m³/s,最高水位 366.09 m,受连续降雨影响再次出现涨水过程,30 日 15 时 48 分最大流量 1 460 m³/s,16 时最高水位 365.81 m;龙门镇水文站 30 日 21 时 39 分最大流量 798 m³/s,最高水位 148.90 m。

洛河卢氏水文站 8 月 29 日 20 时 18 分最大流量 246 m³/s,最高水位 551.00 m;白马寺水文站 31 日 10 时最大流量 622 m³/s,最高水位 115.06 m。

伊洛河黑石关水文站 8 月 31 日 16 时 42 分最大流量 1 250 m³/s,最高水位 110.11 m。

4.1.16.4 沙颍河

北汝河汝州水文站 8 月 30 日 20 时最大流量 295 m³/s,大陈水文站 31 日 7 时 20 分最大流量 825 m³/s。

沙河马湾水文站 8 月 31 日 7 时 25 分最高水位 66.40 m,9 时最大流量 1 130 m³/s;漯河水文站 31 日 22 时最大流量 1 320 m³/s,9 月 1 日 0 时最高水位 57.76 m。沙河支流澧河何口水文站 31 日 15 时 30 分最大流量 490 m³/s,最高水位 64.44 m。

沙颖河周口水文站 9 月 1 日 14 时 30 分最大流量 1 480 m³/s,最高水位 46.29 m,超警戒水位(46.10 m)0.19 m;槐店水文站 9 月 2 日 2 时最大流量 1 340 m³/s,最高水位 35.42 m。

贾鲁河中牟水文站 8 月 30 日 2 时 20 分最大流量 261 m³/s,最高水位 76.07 m;扶沟水文站 9 月 2 日 8 时最大流量 198 m³/s,最高水位 58.31 m。贾鲁河支流双洎河新郑水文站 30 日 0 时 40 分最高水位 97.25 m,0 时 46 分最大流量 104 m³/s。

4.1.16.5　惠济河

惠济河大王庙水文站 8 月 31 日 12 时最大流量 95.2 m³/s,最高水位 58.36 m,超警戒水位(57.40 m)0.96 m。

4.1.16.6　共产主义渠

共产主义渠合河水文站 9 月 2 日 14 时最大流量 122 m³/s,最高水位 74.62 m,超警戒水位(74.00 m)0.62 m。

4.1.17　8 月 31 日至 9 月 1 日暴雨洪水

受副热带高压北抬影响,8 月 31 日 8 时至 9 月 2 日 8 时,淮河以北大部分地区降中到大雨,三门峡市和南阳市桐柏县降暴雨,信阳市局部降小雨。累计最大点雨量:三门峡陕州区高庵雨量站 113 mm、宫前雨量站 106 mm,南阳市桐柏县赵庄水库雨量站 105 mm。暴雨区主要水文控制站上游平均降雨量:老灌河西峡水文站 53 mm,洛河白马寺水文站 57 mm,伊河龙门镇水文站 36 mm,宏农涧河窄口水库水文站 74 mm。

受降雨及上游来水影响,丹江及其支流、黄河及其支流出现涨水过程,黄河支流宏农涧河窄口水库出现建库以来最高水位。

丹江荆紫关水文站 9 月 1 日 18 时最大流量 2 690 m³/s,22 时最高水位 214.46 m,最大 3 d 洪量 2.840 亿 m³。丹江支流老灌河米坪水文站 1 日 16 时 36 分最大流量 645 m³/s,最高水位 5.50 m;西峡水文站 2 日 0 时最大流量 1 400 m³/s,最高水位 77.46 m。丹江支流淇河西坪水文站 9 月 1 日 15 时最大流量 383 m³/s,最高水位 93.82 m。

洛河白马寺水文站 9 月 2 日 4 时最大流量 1 130 m³/s,最高水位 116.30 m。伊河龙门镇水文站 9 月 1 日 18 时最大流量 790 m³/s,最高水位 148.89 m。伊洛河黑石关水文站 9 月 2 日 10 时最大流量 1 890 m³/s,10 时 30 分最高水位 110.86 m。

沁河支流丹河山路坪水文站 9 月 1 日 6 时最大流量 135 m³/s,最高水位 201.50 m。

宏农涧河朱阳水位站 9 月 1 日 10 时最大流量 257 m³/s,最高水位 673.10 m。窄口水库 9 月 1 日 10 时最大入库流量 280 m³/s,9 月 2 日 0 时最高水位 643.50 m,超建库以来最高水位(642.51 m)0.99 m。最大 1 d 洪量 0.116 亿 m³,最大 3 d 洪量 0.247 亿 m³。

4.1.18　9 月 3~5 日暴雨洪水

受西部低涡东移影响,9 月 3 日 8 时至 6 日 8 时,淮河以北普降中到大雨,平顶山市、漯河市、周口市和商丘市、濮阳市、鹤壁市、济源市部分地区降暴雨、大暴雨。累计最大点雨量：漯河市源汇区指挥寨雨量站 214 mm,舞钢市罗庄巡测站 198 mm,漯河市郾城区袁庄雨量站 195 mm,驻马店市西平县油坊张雨量站 193 mm。暴雨区主要水文控制站上游平均降雨量：小洪河杨庄水文站 113 mm,甘江河燕山水库水文站 80 mm,汾泉河沈丘水文站 97 mm。

受降雨及上游来水影响,小洪河、颍河、惠济河、卫河(共产主义渠)出现洪水过程,澧河、丹江出现涨水过程。小洪河五沟营水文站超保证水位,小洪河杨庄水文站、桂李水文站、贺道桥水位站,颍河周口水文站、槐店水文站超警戒水位。

4.1.18.1 洪汝河

小洪河杨庄水文站 9 月 5 日 6 时 53 分洪峰流量 416 m³/s,洪峰流量重现期小于三年一遇,8 时 30 分最高水位 65.92 m,超警戒水位(64.50 m)1.42 m,超警戒历时 33 h。小洪河桂李水文站 5 日 8 时 30 分最大流量 407 m³/s(保证流量 420 m³/s),11 时 30 分最高水位 62.49 m,超警戒水位(60.50 m)1.99 m,超警戒历时 38 h。小洪河五沟营水文站 5 日 14 时 51 分最大流量 403 m³/s,超保证流量(380 m³/s)23 m³/s,洪峰流量重现期超二十年一遇;15 时 30 分最高水位 56.72 m,超保证水位(56.49 m)0.23 m,超保证历时 16 h,超警戒历时 37 h。小洪河贺道桥水位站 6 日 2 时 30 分最高水位 46.15 m,超警戒水位(45.42 m)0.73 m,超警戒历时 32 h。小洪河庙湾水文站 6 日 18 时最大流量 296 m³/s,最高水位 40.25 m。小洪河新蔡水文站 6 日 23 时 27 分最高水位 30.48 m,7 日 11 时 49 分最大流量 368 m³/s。滚河石漫滩水库 9 月 4 日 7 时 30 分最大入库流量 779 m³/s,出库流量 60.0 m³/s,8 时 30 分加大泄量至 155 m³/s,12 时最高水位 107.52 m,最大 1 d 入库洪量 0.080 亿 m³。

4.1.18.2 沙颍河

澧河何口水文站 9 月 4 日 22 时 16 分最大流量 1 070 m³/s,最高水位 67.77 m;沙河漯河水文站 5 日 14 时最大流量 1 640 m³/s,最高水位 58.74 m;颍河周口水文站 5 日 22 时最大流量 2 170 m³/s,6 日 2 时最高水位 48.00 m,超警戒水位(46.10 m)1.90 m,超警戒历时 64 h;槐店水文站 6 日 16 时最大流量 2 190 m³/s,最高水位 38.12 m,超警戒水位(37.86 m)0.26 m,超警戒历时 24 h。甘江河燕山水库 9 月 3 日 20 时起调水位 106.01 m,蓄量 2.20 m³,4 日 7 时 30 分最大入库流量 3 240 m³/s,出库流量 314 m³/s,4 日 11 时最高水位 106.97 m(蓄量 2.59 亿 m³),超建库以来最高水位(106.89 m)0.08 m,超汛限水位(106.00 m)0.97 m,最大 1 d 入库洪量 0.463 亿 m³。

汾泉河沈丘水文站 9 月 5 日 22 时最大流量 352 m³/s,最高水位 34.22 m。

4.1.18.3 丹江

丹江荆紫关水文站 9 月 6 日 10 时最大流量 1 450 m³/s,最高水位 213.43 m;支流老灌河西峡水文站 6 日 11 时 42 分最大流量 420 m³/s,最高水位 75.78 m。

4.1.18.4 伊洛河

洛河卢氏水文站 9 月 6 日 12 时 45 分最大流量 655 m³/s,最高水位 551.57 m;洛河宜阳水文站 6 日 16 时 33 分最大流量 718 m^3/s,最高水位 194.94 m;洛河白马寺水文站 7 日 2 时最大流量 790 m^3/s,最高水位 115.27 m。伊洛河黑石关水文站 7 日 8 时 42 分最大流量 912 m^3/s,8 时 24 分最高水位 109.55 m。

黄河三门峡水文站 7 日 0 时 48 分最大流量 6 020 m^3/s,最高水位 278.38 m。

4.1.18.5　卫河

共产主义渠合河水文站 9 月 5 日 0 时最大流量 113 m^3/s,最高水位 74.56 m,超警戒水位(74.00 m)0.56 m;共产主义渠黄土岗 5 日 2 时最大流量 137 m^3/s,最高水位 69.41 m;共产主义渠刘庄水文站 5 日 8 时最大流量 124 m^3/s,最高水位 63.57 m;卫河淇门水文站 5 日 2 时最大流量 117 m^3/s,8 时最高水位 63.45 m。卫河五陵水文站 6 日 2 时 37 分最大流量 279 m^3/s,最高水位 52.59 m;卫河元村水文站 6 日 6 时最大流量 343 m^3/s,最高水位 43.87 m。

4.1.18.6　惠济河

惠济河大王庙水文站 9 月 5 日 14 时最大流量 80.5 m^3/s,18 时最高水位 58.12 m,超警戒水位(57.40 m)0.72 m,超警历时 210 h。

4.1.19　9 月 17~19 日暴雨洪水

受槽线、低涡东移及副热带高压北抬影响,9 月 17 日 8 时至 20 日 8 时,黄河以北及三门峡市、洛阳市、郑州市、平顶山市、南阳市北部、信阳市南部降暴雨、大暴雨,其他市降中到大雨。累计最大点雨量:洛阳市栾川县核桃坪雨量站 213 mm、新安县仓田雨量站 198 mm,林州市白泉雨量站 197 mm。暴雨区主要水文控制站上游平均降雨量:洛河卢氏水文站 111 mm,洛河白马寺水文站 128 mm,伊河龙门镇水文站 96 mm,老灌河米坪水文站 137 mm,老灌河西峡水文站 118 mm,共产主义渠合河水文站 117 mm,贾鲁河中牟水文站 89 mm,金堤河濮阳水文站 156 mm。

受降雨及上游来水影响,伊洛河、共产主义渠、卫河、惠济河出现洪水过程,沁河、金堤河、丹江、唐白河、马颊河、贾鲁河、沙颍河出现涨水过程。共产主义渠合河水文站、卫河淇门水文站、惠济河大王庙水文站超警戒水位,伊洛河黑石关水文站水位超警戒水位,流量超保证流量。

4.1.19.1　伊洛河

洛河卢氏水文站 9 月 19 日 7 时 12 分洪峰流量 2 430 m^3/s,洪峰水位 552.96 m;洛河白马寺水文站 19 日 17 时 12 分最大流量 2 900 m^3/s,最高水位 118.53 m;伊河潭头水文站 19 日 9 时 48 分洪峰流量 2 120 m^3/s,洪峰水位 472.88 m;伊河龙门镇 19 日 16 时 12 分洪峰流量 1 290 m^3/s,洪峰水位 149.46 m;伊河陆浑水库 9 月 19 日 14 时,最大入库流量 2 630 m^3/s,20 日 0 时最高水位 319.15 m,最大 1 d 洪量 1.070 亿 m^3。

伊洛河黑石关水文站 9 月 20 日 9 时洪峰流量 2 970 m^3/s,超保证流量(2 050 m^3/s)920 m^3/s,为 1982 年以来最大(1982 年 8 月 2 日洪峰流量 4 110 m^3/s),洪峰水位 112.26 m,超警戒水位(110.78 m)1.48 m。最大 3 d 洪量 5.890 亿 m^3,接近十年一遇设计洪量

(6.64 亿 m³),最大 7 d 洪量 8.020 亿 m³,超五年一遇设计洪量(7.340 亿 m³)。

4.1.19.2　宏农涧河、沁河、金堤河

宏农涧河朱阳水文站 9 月 19 日 0 时最大流量 200 m³/s,最高水位 673.16 m。窄口水库 9 月 19 日 22 时最高水位 643.54 m,超过 9 月 2 日 0 时水位 643.50 m,为建库以来最高水位。

沁河山里泉水文站 9 月 19 日 15 时 51 分最大流量 765 m³/s ,20 日 0 时 18 分最高水位 279.98 m;武陟水文站 20 日 7 时 30 分最大流量 515 m³/s,最高水位 104.15 m。沁河支流丹河山路坪水文站 19 日 11 时 42 分最大流量 160 m³/s,最高水位 201.64 m。

金堤河濮阳水文站 9 月 20 日 18 时 14 分最大流量 114 m³/s,最高水位 50.58 m;范县水文站 22 日 2 时最大流量 188 m³/s,22 日 22 时最高水位 46.68 m。

4.1.19.3　丹江、唐白河

丹江荆紫关水文站 9 月 19 日 10 时 50 分最大流量 2 610 m³/s,最高水位 214.35 m。丹江支流淇河西坪水文站 19 日 6 时 12 分最大流量 1 200 m³/s,最高水位 94.76 m。丹江支流老灌河米坪水文站 19 日 8 时 24 分最大流量 1 170 m³/s,最高水位 6.58 m;西峡水文站 19 日 12 时最大流量 2 300 m³/s,最高水位 79.23 m 。

白河白土岗水文站 9 月 19 日 16 时 25 分最大流量 851 m³/s,最高水位 180.75 m。

4.1.19.4　沙颖河

贾鲁河中牟水文站 9 月 19 日 20 时最大流量 178 m³/s,最高水位 75.57 m;扶沟水文站 23 日 2 时最高水位 57.69 m,8 时最大流量 141 m³/s。

北汝河汝州水文站 9 月 19 日 20 时最大流量 375 m³/s,最高水位 192.83 m。沙河漯河水文站 9 月 21 日 8 时最大流量 805 m³/s,最高水位 56.44 m。沙颖河周口水文站 9 月 21 日 20 时最大流量 1 040 m³/s,最高水位 45.47 m。

4.1.19.5　卫河、马颊河

共产主义渠合河水文站 9 月 21 日 10 时最大流量 188 m³/s,最高水位 74.90 m,超过警戒水位(74.00 m)0.90 m;共产主义渠刘庄水文站 19 日 22 时最大流量 177 m³/s,最高水位 64.17 m。卫河淇门水文站 19 日 23 时 30 分最大流量 157 m³/s,最高水位 64.13 m ,超警戒水位(64.10 m)0.03 m;卫河五陵水文站 20 日 14 时最大流量 357 m³/s,最高水位 53.29 m;卫河元村水文站 21 日 4 时最大流量 509 m³/s,最高水位 45.14 m。

马颊河南乐水文站 9 月 19 日 22 时最大流量 70.0 m³/s,最高水位 44.59 m。

4.1.19.6　惠济河

惠济河大王庙水文站 9 月 19 日 10 时最大流量 82.5 m³/s,最高水位 58.14 m,超警戒水位(57.40 m)0.74 m。

4.1.20　9 月 23~25 日暴雨洪水

受西太平洋副热带高压外围西南气流和冷空气南下及中尺度对流云团发展影响,9 月 23 日 8 时至 26 日 8 时,淮河以北普降中到大雨,黄河以北及商丘市、开封市、许昌市、周口市西部降暴雨,南阳市南召县、方城县,平顶山市鲁山县、叶县降大暴雨,局部特大暴雨。

累计最大点雨量:南阳市南召县杨西庄雨量站 487 mm、下石笼雨量站 482 mm,方城县母猪窝雨量站 481 mm。暴雨区主要水文控制站上游平均降雨量:白河鸭河口水文站 186 mm,澧河孤石滩水库站 191 mm,澧河何口水文站 157 mm,甘江河燕山水库站 100 mm,沙河昭平台水库站 101 mm,沙河白龟山水库站 158 mm,贾鲁河中牟水文站 52 mm,共产主义渠合河水文站 97 mm,沁河河口村水库站 128 mm,金堤河濮阳水文站 130 mm。

受降雨影响,唐白河、丹江、洛河、沁河、金堤河、沙颍河、澧河、贾鲁河、惠济河、卫河(共产主义渠)出现洪水过程。白河支流黄鸭河李青店水文站出现有实测记录以来最大洪水,白河鸭河口水库最高水位和最大入库流量为建库以来最高(最大),鸭河口库水位超设计水位,孤石滩库水位超全赔水位。澧河何口水文站、罗湾水位站超保证水位,大沙河修武水文站,共产主义渠合河水文站、刘庄水文站,卫河汲县水文站、淇门水文站,沙河漯河水文站,颍河周口、槐店水文站,惠济河大王庙水文站超警戒水位。

4.1.20.1　丹江、唐白河

丹江荆紫关水文站 25 日 10 时最大流量 1 050 m³/s,最高水位 212.91 m。

白河支流黄鸭河李青店水文站 9 月 23 日 8 时起涨流量 14.3 m³/s ,25 日 2 时 30 分洪峰流量 7 860 m³/s,洪峰水位 204.10 m,均为有实测资料记录以来最大。最大 3 d 洪量 1.290 亿 m³。

白河支流鸭河口子河水文站 9 月 23 日 8 时起涨流量 30.0 m³/s ,25 日 4 时最大流量 5 660 m³/s,最高水位 96.79 m。最大 3 d 洪量 1.570 亿 m³。

白河白土岗水文站 9 月 23 日 8 时起涨流量 30.0 m³/s ,25 日 6 时 28 分最大流量 1 980 m³/s,最高水位 182.39 m。最大 3 d 洪量 1.090 亿 m³。

白河南阳水文站 9 月 24 日 14 时起涨流量 145 m³/s,受鸭河口水库泄流影响,25 日 14 时洪峰流量 4 260 m³/s,最高水位 115.56 m,洪峰流量重现期接近五年一遇。最大 3 d 洪量 5.320 亿 m³,洪量重现期接近二十年一遇(5.960 亿 m³),最大 7 d 洪量 6.190 亿 m³。

白河新店铺水文站 9 月 24 日 11 时起涨流量 370 m³/s ,25 日 21 时最大流量 4 440 m³/s,最高水位 80.63 m,洪峰流量重现期接近十年一遇。最大 3 d 洪量 7.080 亿 m³,洪量重现期接近十年一遇(7.177 亿 m³),最大 7 d 洪量 9.680 亿 m³。

唐河唐河水文站 25 日 16 时最大流量 700 m³/s,最高水位 92.18 m;唐河郭滩水文站 25 日 22 时最大流量 758 m³/s,最高水位 82.04 m。

白河鸭河口水库 9 月 24 日 7 时起调水位 177.26 m,超后汛期汛限水位(177.00 m)0.26 m,相应蓄量 8.55 亿 m³,25 日 1 时 50 分水位 178.52 m,3 时 40 分最大入库流量 18 200 m³/s,超千年一遇设计洪峰流量,为建库以来最大,出库流量 3 500 m³/s,4 时 48 分加大泄量至 5 000 m³/s,10 时最高水位 179.91 m,超建库以来最高水位(178.61 m)1.30 m。最大 1 d 洪量 3.727 亿 m³,最大 3 d 洪量 5.21 亿 m³。

4.1.20.2　沙颍河

澧河何口水文站 9 月 24 日 8 时起涨流量 26.2 m³/s,区间洪水叠加孤石滩、燕山水库泄流,25 日 12 时超保证水位(70.40 m),15 时洪峰流量 2 040 m³/s,洪峰水位 70.88 m,超保证水位 0.48 m,25 日 19 时回落至保证水位以下,超保证历时 7 h,超警戒历时 18 h;罗湾水位站 25 日 12 时超保证水位(69.70 m),14 时 30 分最高水位 70.25 m,超保证水位(69.70 m)0.55 m,19 时水位回落至保证水位以下,超保证历时 7 h。

沙河漯河水文站 24 日 8 时起涨流量 69.0 m³/s,25 日 17 时水位 59.66 m,超警戒水位(59.50 m)0.16 m,26 日 4 时 30 分洪峰流量 2 780 m³/s,7 时 30 分洪峰水位 61.47 m,超警戒水位 1.97 m,28 日 0 时回落至警戒水位以下,超警戒历时 55 h。最大 3 d 洪量 5.708 亿 m³,重现期接近五年一遇(6.53 亿 m³),最大 7 d 洪量 8.442 亿 m³,重现期接近五年一遇(10.05 亿 m³)。

沙颖河周口水文站 9 月 24 日 8 时起涨流量 600 m³/s,25 日 19 时 42 分超警戒水位(46.10 m),27 日 11 时洪峰流量 2 660 m³/s,11 时洪峰水位 49.48 m,超警戒水位 3.38 m,30 日 7 时水位回落至警戒水位以下,超警戒历时 112 h。最大 3 d 洪量 6.201 亿 m³,最大 7 d 洪量 10.038 亿 m³。槐店水文站 9 月 27 日 23 时最大流量 2 630 m³/s,最高水位 39.52 m,超警戒水位(37.86 m)1.66 m,超警戒历时 74 h。

沙河昭平台水库 9 月 24 日 4 时起调水位 173.87 m,蓄量 3.89 亿 m³,25 日 6 时 30 分最大入库流量 1 560 m³/s,出库流量 312 m³/s,10 时 25 分最大出库流量 634 m³/s,12 时最高水位 174.78 m,超兴利水位(174.00 m)0.78 m,最大蓄量 4.23 亿 m³。

沙河白龟山水库 9 月 24 日 14 时起调水位 103.07 m,蓄量 3.06 亿 m³,25 日 6 时 30 分最大入库流量 3 980 m³/s,出库流量 1 000 m³/s,9 时最大出库流量 1 350 m³/s,9 时 10 分最高库水位 103.94 m,超正常高水位(103 m)0.94 m,最大蓄量 3.67 亿 m³。

沙河支流澎河澎河水库 25 日 2 时最大入库流量 2 400 m³/s,出库流量 1 340 m³/s,3 时最高水位 152.00 m,超建库以来最高水位(151.51 m)0.49 m,最大出库流量 1 620 m³/s。

甘江河燕山水库 9 月 24 日 8 时起调水位 105.96 m,蓄量 2.18 亿 m³,25 日 1 时 30 分最大入库流量 1 530 m³/s,出库流量 190 m³/s,25 日 6 时 30 分最高水位 106.89 m,最大蓄量 2.55 亿 m³。

澧河孤石滩水库 9 月 24 日 13 时起调水位 153.31 m,蓄量 0.75 亿 m³,25 日 0 时 10 分最大入库流量 4 790 m³/s,出库流量 512 m³/s,2 时 30 分最大出库流量 1 200 m³/s,3 时 30 分最高水位 156.77 m,最大蓄量 1.17 亿 m³。最大 1 d 洪量 0.686 亿 m³。

贾鲁河中牟水文站 9 月 25 日 14 时 40 分最大流量 172 m³/s,最高水位 75.44 m;扶沟水文站 28 日 20 时最大流量 141 m³/s,最高水位 57.67 m。

4.1.20.3 伊洛河、沁河

洛河卢氏水文站 9 月 25 日 17 时最大流量 1 420 m³/s,最高水位 552.20 m。

沁河河口村水库 9 月 24 日 21 时起调水位 266.63 m,蓄量 2.03 亿 m³,26 日 18 时最大入库流量 2 360 m³/s,最大出库流量 1 840 m³/s,27 日 0 时 30 分最高水位 278.17 m,蓄量 2.69 亿 m³。最大 1 d 洪量 1.552 亿 m³(9 月 26 日),接近五百年一遇设计洪量(1.860 亿 m³),最

大 3 d 洪量 3.272 亿 m³(9 月 26~28 日),接近五百年一遇设计洪量(3.68 亿 m³)。

受河口村水库泄流影响,沁河五龙口水文站 9 月 26 日 21 时 18 分洪峰流量 1 760 m³/s,洪峰水位 145.31 m;武陟水文站 9 月 27 日 16 时洪峰流量 2 000 m³/s,洪峰水位 106.12 m。

沁河支流丹河山路坪水文站 9 月 26 日 11 时 36 分最大流量 288 m³/s,最高水位 202.27 m。

4.1.20.4 天然文岩渠、金堤河

天然文岩渠大车集水文站 9 月 26 日 20 时最大流量 104 m³/s,最高水位 64.87 m。

金堤河濮阳水文站 9 月 26 日 9 时 30 分最大流量 140 m³/s,最高水位 50.98 m;范县水文站 9 月 28 日 5 时洪峰流量 280 m³/s,重现期三至五年一遇,最高水位 47.37 m。

4.1.20.5 卫河

大沙河修武水文站 9 月 26 日 8 时最大流量 124 m³/s,最高水位 82.08 m,超警戒水位(82.00 m)0.08 m。共产主义渠合河水文站 28 日 14 时最大流量 265 m³/s,最高水位 75.09 m,超警戒水位(74.00 m)1.09 m;黄土岗水文站 30 日 0 时最大流量 316 m³/s,最高水位 70.50 m,超警戒水位(70.00 m)0.50 m;刘庄水文站 28 日 22 时最大流量 264 m³/s,最高水位 65.28 m,超警戒水位(64.44 m)0.84 m。卫河淇门水文站 29 日 2 时最大流量 208 m³/s,最高水位 65.41 m,超警戒水位(64.10 m)1.31 m;五陵水文站 26 日 22 时最大流量 524 m³/s,最高水位 54.32 m;元村水文站 27 日 8 时最大流量 729 m³/s,最高水位 46.36 m。

4.1.20.6 惠济河

惠济河大王庙水文站 9 月 26 日 16 时最大流量 117 m³/s,最高水位 58.72 m,超警戒水位(57.40 m)1.32 m。

4.1.21 9 月 27~28 日暴雨洪水

9 月 27 日 8 时至 29 日 8 时,河南省中西部、北部和驻马店市降小到中雨,三门峡市、洛阳市、济源市和郑州、焦作两市西部降中到大雨,局部暴雨。累计最大点雨量:洛阳洛宁县长水水文站 140 mm,三门峡市陕州区铧尖咀雨量站 117 mm、高瘫雨量站 104 mm。暴雨区主要水文控制站上游平均降雨量:洛河卢氏水文站 53 mm、白马寺水文站 67 mm,伊河龙门镇水文站 58 mm,贾鲁河中牟水文站 49 mm。

受持续降雨和水库泄水影响,伊洛河出现洪水过程,贾鲁河出现涨水过程。伊洛河黑石关水文站水位超警戒水位,流量超保证流量。

洛河卢氏水文站流量 9 月 28 日 15 时 36 分最大流量 1 750 m³/s,最高水位 552.53 m;白马寺水文站 9 月 28 日 22 时 24 分最大流量 2 410 m³/s,最高水位 117.79 m。伊河龙门镇水文站 9 月 28 日 12 时最大流量 535 m³/s,最高水位 148.54 m。伊洛河黑石关水文站 9 月 29 日 5 时 30 分最大流量 2 260 m³/s,超保证流量(2 050 m³/s)210 m³/s,最高水位 111.53 m,超警戒水位(110.78 m)0.75 m。

贾鲁河中牟水文站 9 月 28 日 21 时 15 分最大流量 144 m³/s,最高水位 75.46 m。

4.1.22　10 月 2~8 日暴雨洪水

10 月上旬,河南省北部、西部出现连续较强降雨过程,过程分两个阶段:一是 10 月 2 日 8 时至 4 日 8 时,新乡市、鹤壁市、焦作市、濮阳市降小雨,安阳市降中到大雨,鹤壁市、安阳市局部降暴雨、大暴雨。累计最大点雨量:鹤壁市申屯雨量站 200 mm、新村雨量站 181 mm,安阳市汤阴县胜利街雨量站 156 mm。平均降雨量:全省 4 mm,鹤壁市 73 mm,安阳市 51 mm,濮阳市 16 mm,新乡市 8 mm,济源市 2 mm,其他市均小于 1 mm。二是 10 月 4 日 8 时至 8 日 8 时,全省普降小雨,三门峡市及豫北山区降中雨。累计最大点雨量:安阳林州市白泉雨量站 65 mm,洛阳市新安县南腰雨量站 55 mm。平均降雨量:全省 10 mm,三门峡市、濮阳市、济源市 30~31 mm,焦作市、洛阳市、安阳市、鹤壁市 20~24 mm,南阳市、平顶山市、开封市、郑州市、新乡市 7~14 mm,其他市均小于 3 mm。

受本次降雨及 9 月下旬以来持续降雨影响,卫河、共产主义渠出现持续涨水过程。

共产主义渠合河水文站 10 月 1 日 0 时最大流量 242 m³/s,最高水位 75.03 m,超警戒水位(74.00 m)1.03 m;共产主义渠黄土岗水文站 10 月 1 日 0 时最大流量 307 m³/s,最高水位 70.47 m,超警戒水位(70.00 m)0.47 m;共产主义渠刘庄水文站 10 月 4 日 8 时最大流量 333 m³/s,最高水位 65.47 m,超警戒水位(64.44 m)1.03 m。

卫河淇门水文站 10 月 4 日 9 时最大流量 220 m³/s,最高水位 65.60 m,超警戒水位(64.10 m)1.50 m;卫河五陵水文站 10 月 4 日 12 时最大流量 616 m³/s,最高水位 54.80 m;卫河元村水文站 10 月 5 日 8 时最大流量 804 m³/s,最高水位 46.66 m。淇河新村水文站 10 月 5 日 20 时最大流量 255 m³/s,最高水位 99.12 m。

受上游山西境内降雨影响,浊漳河天桥断水文站 10 月 7 日 6 时最大流量 1 020 m³/s,最高水位 345.45 m,仅低于有资料以来最高水位(345.49 m,1976 年 8 月)0.04 m。

4.1.23　黄河秋汛及编号洪水

8 月下旬以来,西北太平洋副热带高压异常偏强偏北,西南暖湿气流和东南暖湿气流沿着副热带高压北上。同时西风带的冷空气活动频繁,冷暖空气在黄河中游持续交汇形成特殊的极为罕见的秋雨。

受 9 月下旬至 10 月上旬华西秋雨影响,黄河中下游支流泾河、渭河、伊洛河、沁河均出现有实测资料记录以来同期最大洪水,黄河干流潼关水文站出现了 1979 年以来最大洪水,同时也是 1934 年有实测资料以来同期最大洪水,花园口水文站出现了 1996 年以来最大洪水。

9 月下旬以来,黄河干流出现 3 次编号洪水。9 月 27 日 15 时 48 分黄河干流潼关水文站流量涨至 5 020 m³/s,达到黄河编号洪水标准,为黄河 2021 年第 1 号洪水;9 月 27 日 21 时黄河花园口水文站流量涨至 4 020 m³/s,达到黄河编号洪水标准,为黄河 2021 年第 2 号洪水;10 月 5 日 23 时黄河潼关水文站流量涨至 5 090 m³/s,再次达到黄河编号洪水标准,为黄河 2021 年第 3 号洪水。

黄河小浪底水库 10 月 9 日 11 时最大入库流量 8 560 m³/s，出库流量 4 120 m³/s，20 时最高水位达 273.50 m，超正常高水位(270.00 m)3.50 m，为 1999 年水库蓄水以来最高水位。

黄河三门峡水文站 10 月 8 日 0 时 24 分最大流量 8 210 m³/s，最高水位 280.01 m；小浪底水文站 10 月 14 日 1 时最大流量 4 400 m³/s，最高水位 136.39 m；花园口水文站 10 月 14 日 6 时 57 分最大流量 4 950 m³/s，10 月 1 日 13 时最高水位 91.00 m；夹河滩水文站 10 月 5 日 16 时 48 分最大流量 4 940 m³/s，10 月 2 日 10 时最高水位 73.49 m。

4.2　主要河道水位流量

4.2.1　主要站汛期及 10 月最高水位最大流量

汛期主要站最高水位最大流量：汛期淮河干流偏小，淮南支流、汝河、唐河、涡河、黄河属正常年景，其他主要河道整体偏大，其中卫河(共产主义渠)、贾鲁河、白河上游发生区域性特大洪水，小洪河、沙河、颍河、汉江、伊洛河、金堤河偏大(见附表 2)。

淮河干流偏小，淮南支流属正常年景。淮河干流息县站、淮滨水文站最大流量分别为 1 220 m³/s、1 490 m³/s，分别为建站以来第 15 小和第 17 小；竹竿河竹竿铺水文站最大流量 473 m³/s，为建站以来第 16 小；白露河北庙集水文站最大流量 636 m³/s，为建站以来第 8 大；史灌河蒋家集水文站最大流量 1 730 m³/s，为建站以来第 30 大；潢河潢川水文站最大流量 1 010 m³/s，为建站以来第 35 大。

小洪河偏大，汝河属正常年景。小洪河杨庄、桂李、五沟营水文站最大流量分别为 416 m³/s、407 m³/s、403 m³/s，分别为建站以来第 16 大、第 7 大和第 4 大，五沟营水文站最高水位 56.72 m，为建站以来第 6 大；汝河遂平水文站最大流量 1 250 m³/s，为建站以来第 23 大；大洪河班台水文站最大流量 895 m³/s，为建站以来第 35 大。

澧河、沙河、颍河偏丰，贾鲁河为建站以来最大。贾鲁河中牟水文站最大流量 600 m³/s，最高水位 79.40 m，均为建站以来最大；扶沟水文站最高水位 59.54 m，为建站以来最大；澧河何口水文站最大流量 2 040 m³/s，为建站以来第 11 大，最高水位 70.88 m，为建站以来第 9 大；沙河漯河水文站最大流量 2 780 m³/s，为建站以来第 11 大，最高水位 61.47 m，为建站以来第 7 大；颍河周口水文站最大流量 2 660 m³/s，为建站以来第 8 大，最高水位 49.48 m，为建站以来第 6 大；槐店水文站最大流量 2 630 m³/s，为建站以来第 4 大，最高水位 39.52 m，为建站以来第 7 大。

白河偏大，唐河属正常年景。白河南阳水文站最大流量 4 260 m³/s，为建站以来第 4 大；白河新店铺水文站最大流量 4 440 m³/s，为建站以来第 10 大；黄鸭河李青店水文站最大流量 7 860 m³/s，最高水位 204.10 m，均为建站以来最大；唐河唐河水文站最大流量 1 000 m³/s，为建站以来第 20 小。

汉江偏大。丹江荆紫关水文站最大流量 2 690 m³/s，为建站以来第 9 大，最高水位

214.46 m,为建站以来第 5 大;老灌河西峡水文站最大流量 2 740 m³/s,为建站以来第 6 大。

黄河干流属正常偏小,伊洛河、金堤河偏大。花园口水文站最大流量 4 950 m³/s,为建站以来第 31 小,最高水位 91.11 m,为建站以来第 4 小;伊洛河黑石关水文站最大流量 2 970 m³/s,为建站以来第 8 大;洛河卢氏水文站最大流量 2 610 m³/s,为建站以来最大;金堤河范县水文站最大流量 280 m³/s,为建站以来第 4 大,最高水位 47.38 m,为建站以来最大。

卫河偏大。大沙河修武水文站最大流量 343 m³/s,为建站以来最大,最高水位 83.65 m,为建站以来最大;共产主义渠合河水文站最大流量 1 320 m³/s,为建站以来第 3 大,最高水位 76.77 m,为建站以来最大;共产主义渠黄土岗水文站最大流量 1 140 m³/s,为建站以来第 3 大,最高水位 73.67 m,为建站以来最大;共产主义渠刘庄水文站最大流量 523 m³/s,为建站以来第 5 大,最高水位 67.25 m,为建站以来最大;卫河汲县水文站最大流量 265 m³/s,为建站以来最大,最高水位 72.76 m,为建站以来最大;卫河淇门水文站最大流量 460 m³/s,为建站以来第 5 大,最高水位 68.03 m,为建站以来最大;卫河五陵水文站最大流量 861 m³/s,为建站以来最大,最高水位 56.44 m,为建站以来第 6 大;卫河元村水文站最大流量 947 m³/s,为建站以来第 3 大;淇河新村水文站汛期最大流量 1 080 m³/s,为建站以来第 8 大,最高水位 100.53 m,为建站以来第 5 大;安阳河横水水文站最大流量 607 m³/s,为建站以来第 4 大,最高水位 6.94 m,为建站以来最大;安阳河安阳水文站最大流量 1 890 m³/s,为建站以来第 3 大,最高水位 74.99 m,为建站以来第 4 大。

4.2.2 主要站汛期及 10 月超警、超保、超历史极值情况

汛期卫河、共产主义渠、淇河、安阳河、伊洛河、小洪河、澧河等 7 条河流出现超保证水位(流量),沙河、颍河、惠济河、沁河 4 条河流出现超警戒水位。大沙河修武水文站,共产主义渠合河水文站、黄土岗水文站、刘庄水文站,卫河汲县水文站、淇门水文站、五陵水文站,安阳河横水水文站,贾鲁河中牟水文站、扶沟水文站,洛河卢氏水文站,黄鸭河李青店水文站,宏农涧河朱阳水文站,金堤河范县水文站等 14 站出现有实测记录以来最大流量或最高水位(见附表 3)。

4.2.2.1 卫河(共产主义渠)

(1)大沙河修武水文站汛期有 2 次洪水超警戒水位(其中 1 次超保证水位):

①7 月 22 日 19 时洪峰流量 343 m³/s,超保证流量(230 m³/s)113 m³/s,超有实测记录以来最大流量(203 m³/s)140 m³/s;7 月 22 日 19 时洪峰水位 83.65 m,超保证水位(83.50 m)0.15 m,超警戒水位(82.00 m)1.65 m,超有实测记录以来最高水位(83.02 m)0.63 m。本场洪水超保证历时 15 h,超警戒历时 121 h。

②9 月 26 日 5 时,洪峰流量 124 m³/s,洪峰水位 82.08 m,超警戒水位(82.00 m)0.08 m,本场洪水超警历时 30 h。

(2)共产主义渠合河水文站汛期有 3 次洪水超警戒水位(其中 1 次超保证水位):

①7 月 23 日 11 时洪峰流量 1 320 m³/s,超保证流量(1 000 m³/s)320 m³/s;7 月 23 日 11 时洪峰水位 76.77 m,超保证水位(75.80 m)0.97 m,超警戒水位(74.00 m)2.77 m,超有实测

记录以来最高水位(75.90 m)0.87 m。本场洪水水位超保历时 97 h,超警戒历时 379 h。

②9 月 2 日 14 时洪峰流量 122 m³/s,洪峰水位 74.62 m,超警戒水位(74.00 m)0.62 m,超警戒历时 248 h。

③9 月 28 日 13 时洪峰流量 265 m³/s,洪峰水位 75.09 m,超警戒水位(74.00 m)1.09 m,超警戒历时 522 h。

(3)共产主义渠黄土岗水文站汛期有 2 次洪水超警戒水位(其中 1 次超保证水位):

①7 月 24 日 0 时洪峰流量 1 140 m³/s,超保证流量(900 m³/s)240 m³/s;7 月 24 日 0 时洪峰水位 73.67 m,超保证水位(71.50 m)2.17 m,超警戒水位(70.00 m)3.67 m,超有实测记录以来最高水位(71.48 m)2.19 m。本场洪水超保证历时 164 h,超警戒历时 278 h。

②9 月 30 日 0 时洪峰流量 316 m³/s,洪峰水位 70.50 m,超警戒水位(70.00 m)0.50 m,超警戒历时 183 h。

(4)共产主义渠刘庄水文站汛期有 2 次洪水超警戒水位(其中 1 次超保证水位):

①7 月 24 日 15 时洪峰流量 523 m³/s,超保证流量(400 m³/s)123 m³/s;19 时 30 分洪峰水位 67.25 m,超保证水位(66.20 m)1.05 m,超警戒水位(64.44 m)2.81 m,超有实测记录以来最高水位(66.24 m)1.01 m。本场洪水超保证历时 76 h,超警戒历时 308 h。

②10 月 4 日 8 时洪峰流量 333 m³/s,洪峰水位 65.47 m,超警戒水位(64.44 m)1.03 m,超警戒历时 355 h。

(5)卫河汲县水文站汛期有 2 次洪水超警戒水位(其中 1 次超保证水位):

①7 月 24 日 8 时洪峰流量 265 m³/s,超保证流量(160 m³/s)105 m³/s,超有实测记录以来最大流量(260 m³/s)5 m³/s;7 月 24 日 8 时洪峰水位 72.76 m,超保证水位(71.20 m)1.56 m,超警戒水位(69.20 m)3.56 m,超有实测记录以来最高水位(70.77 m)1.99 m。本场洪水超保证历时 92 h,超警戒历时 290 h。

②9 月 25 日 14 时 28 分洪峰流量 72.8 m³/s,洪峰水位 69.26 m,超警戒水位(69.20 m)0.06 m,超警戒历时 11 h。

(6)卫河淇门水文站汛期有 3 次洪水超警戒水位(其中 1 次超保证水位):

①7 月 22 日 18 时 30 分洪峰流量 460 m³/s,超保证流量(400 m³/s)60 m³/s;23 日 0 时洪峰水位 68.03 m,超保证水位(66.40 m)1.63 m,超警戒水位(64.10 m)3.93 m,超有实测记录以来最高水位(67.45 m)0.58 m。本场洪水超保证历时 77 h,超警戒历时 328 h。

②9 月 19 日 23 时 30 分洪峰流量 157 m³/s,洪峰水位 64.13 m,超警戒水位(64.10 m)0.03 m,超警戒历时 10 h。

③10 月 4 日 9 时洪峰流量 220 m³/s,洪峰水位 65.60 m,超警戒水位(64.10 m)1.50 m,超警戒历时 394 h。

(7)卫河五陵水文站汛期有 1 次洪水超警戒水位:

7 月 31 日 11 时洪峰流量 861 m³/s,超有实测记录以来最大流量(749 m³/s)112 m³/s;

7月31日11时洪峰水位56.44 m,超警戒水位(56.00 m)0.44 m。本场洪水超警戒历时120 h。

(8)卫河元村水文站汛期有1次洪水超警戒水位:

7月25日6时洪峰流量947 m³/s,洪峰水位47.98 m,超警戒水位(47.68 m)0.30 m,本场洪水超警戒历时76 h。

(9)淇河新村水文站有1次洪水超保证水位:

7月22日8时洪峰流量1 080 m³/s,超保证流量(800 m³/s)280 m³/s;8时洪峰水位100.53 m,超保证水位(99.50 m)1.03 m。本场洪水超保证历时6 h。

(10)安阳河横水水文站7月22日7时10分洪峰流量607 m³/s,洪峰水位6.94 m,超有实测记录以来最高水位(6.80 m)0.14 m。

(11)安阳河安阳水文站有1次洪水超警戒水位(流量超保证):

7月22日13时25分洪峰流量1 890 m³/s,超保证流量(1 180 m³/s)710 m³/s;13时30分洪峰水位74.99 m,超警戒水位(73.18 m)1.81 m。本场洪水超警戒历时8 h。

4.2.2.2 贾鲁河

贾鲁河中牟水文站7月21日15时洪峰流量600 m³/s,超有实测记录以来最大流量(245 m³/s)355 m³/s;7月21日15时洪峰水位79.40 m,超有实测记录以来最高水位(77.69 m)1.71 m。

贾鲁河扶沟水文站7月24日10时洪峰流量316 m³/s,16时洪峰水位59.54 m,超有实测记录以来最高水位(58.78 m)0.76 m。

4.2.2.3 澧河

澧河何口水文站有1次洪水超保证水位:

9月25日15时洪峰流量2 040 m³/s,洪峰水位70.88 m,超保证水位(70.40 m)0.48 m,超警戒水位(68.00 m)2.88 m,超保证历时7 h,超警戒历时18 h。

罗湾水位站有1次洪水超保证水位:9月25日14时30分洪峰水位70.25 m,超保证水位(69.70 m)0.55 m,超保证历时7 h。

4.2.2.4 沙颍河

沙河漯河水文站有1次洪水超警戒水位:

9月26日4时30分洪峰流量2 780 m³/s,7时30分最高水位61.47 m,超警戒水位(59.50 m)1.97 m,本场洪水超警戒历时55 h。

(1)颍河周口水文站有4次洪水超警戒水位:

①7月23日7时洪峰流量2 000 m³/s,洪峰水位48.16 m,超警戒水位(46.10 m)2.06 m,超警戒历时162 h。

②9月1日14时30分洪峰流量1 480 m³/s,洪峰水位46.29 m,超警戒水位(46.10 m)0.19 m,超警戒历时16 h。

③9月5日22时洪峰流量2 170 m³/s,6日2时洪峰水位48.00 m,超警戒水位(46.10 m)

1.90 m,超警戒历时 64 h。

④9 月 27 日 9 时洪峰流量 2 660 m³/s,11 时洪峰水位 49.48 m,超警戒水位(46.10 m)3.38 m,超警戒历时 112 h。

(2)颍河槐店水文站有 3 次洪水超警戒水位:

①7 月 24 日 0 时洪峰流量 2 200 m³/s,9 时洪峰水位 37.95 m,超警戒水位(37.86 m)0.09 m,超警戒历时 20 h。

②9 月 6 日 8 时洪峰流量 2 190 m³/s,16 时洪峰水位 38.12 m,超警戒水位(37.86 m)0.26 m,超警戒历时 24 h。

③9 月 27 日 17 时洪峰流量 2 630 m³/s,23 时洪峰水位 39.52 m,超警戒水位(37.86 m)1.66 m,超警戒历时 74 h。

4.2.2.5　洪汝河

(1)小洪河杨庄水文站有 2 次洪水超警戒水位:

①7 月 22 日 10 时洪峰流量 322 m³/s,洪峰水位 64.53 m,超警戒水位(64.50 m)0.03 m,超警戒历时 9 h。

②9 月 5 日 6 时 53 分洪峰流量 416 m³/s, 8 时 30 分洪峰水位 65.92 m,超警戒水位(64.50 m)1.42 m,超警戒历时 33 h。

(2)小洪河桂李水文站有 2 次洪水超警戒水位:

①7 月 22 日 15 时洪峰流量 320 m³/s ,洪峰水位 61.00 m,超警戒水位(60.50 m)0.50 m,超警戒历时 28 h。

②9 月 5 日 8 时 30 分洪峰流量 407 m³/s ,11 时 30 分洪峰水位 62.49 m,超警戒水位(60.50 m)1.99 m,超警戒历时 38 h。

(3)小洪河五沟营水文站有 1 次洪水超警戒水位,1 次洪水超保证水位:

①7 月 22 日 19 时洪峰流量 308 m³/s ,洪峰水位 55.67 m,超警戒水位(55.29 m)0.38 m,超警戒历时 26 h。

②9 月 5 日 14 时 51 分洪峰流量 403 m³/s ,15 时 30 分洪峰水位 56.72 m,超保证水位(56.49 m)0.23 m,超警戒水位(55.29 m)1.43 m,超保证历时 15 h 左右,超警戒历时 37 h。

(4)小洪河贺道桥水位站有 1 次洪水超警戒水位:

9 月 6 日 2 时 30 分洪峰水位 46.15 m,超警戒水位(45.42 m)0.73 m,超警戒历时 33 h。

4.2.2.6　黄鸭河

黄鸭河李青店水文站 9 月 25 日 2 时 30 分洪峰流量 7 860 m³/s,超有实测记录以来最大流量(5 670 m³/s)2 190 m³/s;25 日 2 时 30 分洪峰水位 204.10 m,超有实测记录以来最高水位(199.22 m)4.88 m。

4.2.2.7　伊洛河

洛河卢氏水文站 7 月 23 日 18 时 54 分洪峰水位 553.76 m,洪峰流量 2 610 m³/s,超有实测记录以来最大流量(2 310 m³/s)300 m³/s。

伊洛河黑石关水文站有 3 次洪水超警戒水位(其中 1 次超保证流量):

(1)9 月 2 日 10 时洪峰流量 1 890 m³/s,10 时 30 分洪峰水位 110.86 m,超警戒水位(110.78 m)0.08 m,超警戒历时 8 h。

(2)9 月 20 日 9 时洪峰流量 2 970 m³/s,超保证流量(2 050 m³/s)920 m³/s,超保证历时 52 h;洪峰水位 112.26 m,超警戒水位(110.78 m)1.48 m,超警戒历时 60 h。

(3)9 月 29 日 8 时洪峰流量 2 260 m³/s,超保证流量(2 050 m³/s)210 m³/s,超保证历时 16 h;洪峰水位 111.53 m,超警戒水位(110.78 m)0.75 m,超警戒历时 26 h。

4.2.2.8　沁河、宏农涧河、金堤河

(1)沁河武陟水文站有 2 次洪水超警戒水位:

①7 月 23 日 5 时 48 分洪峰流量 1 440 m³/s,洪峰水位 106.01 m,超警戒水位(105.67 m)0.34 m,超警戒历时 18 h。

②9 月 27 日 15 时 24 分洪峰流量 2 000 m³/s,洪峰水位 106.12 m,超警戒水位(105.67 m)0.45 m,超警戒历时 33 h。

(2)宏农涧河朱阳水文站 9 月 19 日 0 时洪峰流量 200 m³/s,为有实测记录以来流量第 2 大;洪峰水位 673.16 m,超有实测记录以来最高水位(672.95 m)0.21 m。

(3)金堤河范县水文站 9 月 28 日 4 时洪峰流量 280 m³/s,8 时洪峰水位 47.38 m,超有实测记录以来最高水位(47.18 m)0.20 m。

4.2.2.9　惠济河

受上游开闸泄水及降雨影响,惠济河大王庙水文站汛期共有 7 次涨水过程超警戒水位,总历时达 35 d。汛期最大流量:9 月 26 日 16 时 117 m³/s,最高水位 58.72 m,超警戒水位(57.40 m)1.32 m。

4.2.3　主要站汛期小流量和断流情况

汛初,因降雨偏少,金堤河、文岩渠、沁河、卫河、北汝河、涡河等河道出现了断流或河干,部分河道出现流量偏小情况(流量小于 3 m³/s)。汛期各主要站最小流量见附表 2。

淮河大坡岭水文站小流量 25 d,长台关水文站小流量 9 d,潢河新县水文站小流量 24 d。

洪河杨庄水文站小流量 44 d,桂李水文站小流量 46 d,五沟营水文站小流量 40 d,新蔡水文站河干 7 d、小流量 3 d。

北汝河紫罗山水文站小流量 6 d,汝州水文站断流 1 d、小流量 70 d;沙河中汤水文站小流量 86 d;颍河告成水文站小流量 69 d,槐店水文站断流 1 d。

涡河邸阁水文站河干 9 d、断流 48 d、小流量 34 d;惠济河大王庙水文站小流量 4 d。

丹江荆紫关水文站小流量 1 d;老灌河西峡水文站小流量 4 d;白河白土岗水文站小流量 49 d;黄鸭河李青店水文站河干 14 d、小流量 40 d;鸭河口子河水文站小流量 76 d;湍河内乡水文站小流量 57 d,湍河汲滩水文站小流量 20 d;唐河唐河水文站小流量 1 d;泌阳河泌阳水文站小流量 39 d。

蟒河济源水文站小流量 64 d;沁河五龙口水文站小流量 4 d,武陟水文站小流量 50 d;

文岩渠朱付村水文站断流 92 d、小流量 7 d;大车集水文站断流 95 d、小流量 2 d;金堤河濮阳水文站断流 9 d、小流量 63 d,范县水文站断流 3 d、小流量 8 d。

大沙河修武水文站断流 24 d、小流量 29 d;共产主义渠合河水文站河干 48 d、小流量 5 d,黄土岗水文站小流量 59 d,刘庄水文站河干 2 d、断流 4 d、小流量 5 d;卫河汲县水文站小流量 13 d,淇门水文站断流 2 d、小流量 9 d,五陵水文站河干 4 d、断流 12 d、小流量 16 d,元村水文站河干 3 d、断流 3 d、小流量 33 d;淇河新村水文站断流 25 d、小流量 42 d;安阳河安阳水文站小流量 56 d。

4.2.4　主要站汛期平均流量

主要河道控制站汛期平均流量:卫河偏多 2.3 倍,伊洛河偏多近 1.7 倍,白河偏多近 1.4 倍,沙河偏多 1.2 倍,淮河干流、洪汝河偏多一至二成,唐河偏少六成多(见附表 4)。

4.2.4.1　**汛期平均流量**

淮河干流息县水文站 220 m³/s,与多年同期均值(219 m³/s)基本持平;淮河干流淮滨水文站 394 m³/s,较多年同期均值(324 m³/s)偏多两成多;洪河班台水文站 176 m³/s,较多年同期均值(167 m³/s)偏多近一成;沙河漯河水文站 297 m³/s,较多年同期均值(133 m³/s)偏多 1.2 倍;唐河唐河水文站 29.1 m³/s,较多年同期均值(80.4 m³/s)偏少六成多;白河新店铺水文站 311 m³/s,较多年同期均值(132 m³/s)偏多近 1.4 倍;卫河元村水文站 193 m³/s,较多年同期均值(58.4 m³/s)偏多 2.3 倍;伊洛河黑石关水文站 350 m³/s,较多年同期均值(131 m³/s)偏多近 1.7 倍;黄河花园口水文站 1 816 m³/s,较多年同期均值(1 746 m³/s)稍偏多。

4.2.4.2　6 月平均流量

主要河道控制站月平均流量,黄河较多年同期均值偏多近 1.9 倍,白河、伊洛河较多年同期均值偏多三至四成,洪汝河较多年同期均值偏多一成多,淮河、沙河、唐河较多年同期均值偏少四至六成,卫河较多年同期均值偏少九成多。

淮河息县水文站 81.5 m³/s,较多年同期均值(167 m³/s)偏少五成多;淮河淮滨水文站 130 m³/s,较多年同期均值(234 m³/s)偏少四成多;沙河漯河水文站 31.2 m³/s,较多年同期均值(60.4 m³/s)偏少近五成;洪河班台水文站 99.5 m³/s,较多年同期均值(88.3 m³/s)偏多一成多;唐河唐河水文站 14.5 m³/s,较多年同期均值(42.0 m³/s)偏少六成多;白河新店铺水文站 80.8 m³/s,较多年同期均值(57.2 m³/s)偏多四成多;卫河元村水文站 0.66 m³/s,较多年同期均值(14.1 m³/s)偏少九成多;伊洛河黑石关水文站 73.0 m³/s,较多年同期均值(55.3 m³/s)偏多三成多;黄河花园口水文站 2 720 m³/s,较多年同期均值(945 m³/s)偏多近 1.9 倍。

4.2.4.3　7 月平均流量

主要河道控制站月平均流量,卫河较多年同期均值偏多 1.2 倍,沙河较多年同期均值偏多近 1 倍,淮河、白河较多年同期均值偏多四成,黄河、伊洛河较多年同期均值偏多近一成,洪汝河较多年同期均值稍偏少,唐河较多年同期均值偏少八成多。

淮河息县水文站 363 m³/s,较多年同期均值(341 m³/s)稍偏多;淮河淮滨水文站
742 m³/s,较多年同期均值(532 m³/s)偏多近四成;沙河漯河水文站 354 m³/s,较多年同期
均值(174 m³/s)偏多 1 倍;洪河班台水文站 258 m³/s,较多年同期均值(264 m³/s)稍偏少;
唐河唐河水文站 18.7 m³/s,较多年同期均值(123 m³/s)偏少八成多;白河新店铺水文站
253 m³/s,较多年同期均值(174 m³/s)偏多四成多;卫河元村水文站 121 m³/s,较多年同期
均值(54.9 m³/s)偏多 1.2 倍;伊洛河黑石关水文站 163 m³/s,较多年同期均值(149 m³/s)
偏多近一成;黄河花园口水文站 1 810 m³/s,较多年同期均值(1 652 m³/s)偏多一成。

4.2.4.4　8 月平均流量

主要河道控制站月平均流量,卫河较多年同期均值偏多 2.3 倍,淮河、伊洛河、白河较
多年同期均值偏多一至三成,洪汝河、沙河较多年同期均值偏少三至四成,唐河、黄河较多
年同期均值偏少近七成。

淮河息县水文站 285 m³/s,较多年同期均值(245 m³/s)偏多一成多;淮河淮滨水文站
457 m³/s,较多年同期均值(339 m³/s)偏多三成多;沙河漯河水文站 108 m³/s,较多年同期
均值(191 m³/s)偏少四成多;洪汝河班台水文站 137 m³/s,较多年同期均值(201 m³/s)偏
少三成多;唐河唐河水文站 35.0 m³/s,较多年同期均值(112 m³/s)偏少近七成;白河新店
铺水文站 217 m³/s,较多年同期均值(193 m³/s)偏多一成多;卫河元村水文站 342 m³/s,
较多年同期均值(103 m³/s)偏多 2.3 倍;伊洛河黑石关水文站 232 m³/s,较多年同期均值
(174 m³/s)偏多三成多;黄河花园口水文站 691 m³/s,较多年同期均值(2 228 m³/s)偏少
近七成。

4.2.4.5　9 月平均流量

主要河道控制站月平均流量,卫河、沙河、伊洛河、白河较多年同期均值偏多 4~5.8
倍,洪汝河较多年同期均值偏多八成多,淮河较多年同期均值偏多二成多,唐河较多年同
期均值偏多近一成,黄河较多年同期均值稍偏少。

淮河息县水文站 151 m³/s,较多年同期均值(123 m³/s)偏多二成多;淮河淮滨水文站
245 m³/s,较多年同期均值(192 m³/s)偏多二成多;沙河漯河水文站 694 m³/s,较多年同期
均值(109 m³/s)偏多 5.4 倍;洪汝河班台水文站 209 m³/s,较多年同期均值(114 m³/s)偏
多八成多;唐河唐河水文站 48.0 m³/s,较多年同期均值(43.9 m³/s)偏多近一成;白河新店铺
水文站 695 m³/s,较多年同期均值(102 m³/s)偏多 5.8 倍;卫河元村水文站 309 m³/s,较多年
同期均值(61.7 m³/s)偏多 4 倍;伊洛河黑石关水文站 930 m³/s,较多年同期均值(146
m³/s)偏多 5.4 倍;黄河花园口水文站 2 040 m³/s,较多年同期均值(2 157 m³/s)稍偏少。

4.3　大中型水库蓄水

4.3.1　大中型水库超历史极值情况

2021 年汛期,河南省有盘石头、小南海、燕山、前坪、窄口、河口村、鸭河口 7 座大型水

库出现有实测记录以来最高库水位;尖岗、常庄、丁店、楚楼、后胡、纸坊(登封)、五星、李湾、佛耳岗、安沟、彭河、唐岗、坞罗 13 座中型水库出现有实测记录以来最高库水位(见附表5),其中,鸭河口 1 座大型水库和尖岗 1 座中型水库超设计水位,鸭河口、小南海、河口村、孤石滩 4 座大型水库及常庄、佛耳岗、安沟 3 座中型水库超全赔水位。

4.3.2　大型水库蓄水

全省 24 大型水库(不包括故县、三门峡、小浪底水库)汛末(10 月 1 日)蓄水总量 61.72 亿 m³,较汛初(6 月 1 日 46.04 亿 m³)多蓄 15.68 亿 m³,较 2020 年同期(44.87 亿 m³)多蓄 16.85 亿 m³,较多年同期均值(35.45 亿 m³)多蓄 26.27 亿 m³(见附表6)。

6 月 1 日蓄水量 46.04 亿 m³,较 2020 年同期(24.33 亿 m³)多蓄 21.71 亿 m³,较多年同期均值(29.70 亿 m³)多蓄 16.34 亿 m³。

7 月 1 日蓄水量 45.25 亿 m³,较 2020 年同期(29.03 亿 m³)多蓄 16.22 亿 m³,较多年同期均值(29.01 亿 m³)多蓄 16.24 亿 m³。

8 月 1 日蓄水量 51.34 亿 m³,较 2020 年同期(39.60 亿 m³)多蓄 11.74 亿 m³,较多年同期均值(32.52 亿 m³)多蓄 18.82 亿 m³。

9 月 1 日蓄水量 58.43 亿 m³,较 2020 年同期(46.23 亿 m³)多蓄 12.20 亿 m³,较多年同期均值(34.26 亿 m³)多蓄 24.17 亿 m³。

4.3.3　中型水库蓄水

全省 108 座中型水库汛末(10 月 1 日)蓄水总量 12.86 亿 m³,较汛初(6 月 1 日 8.73 亿 m³)多蓄 4.13 亿 m³,较 2020 年同期(9.63 亿 m³)多蓄 3.23 亿 m³,较多年同期均值(8.70 亿 m³)多蓄 4.16 亿 m³(见附表8)。

6 月 1 日蓄水量 8.73 亿 m³,较 2020 年同期(6.54 亿 m³)多蓄 2.19 亿 m³,较多年同期均值(7.02 亿 m³)多蓄 1.71 亿 m³。

7 月 1 日蓄水量 8.34 亿 m³,较 2020 年同期(6.99 亿 m³)多蓄 1.35 亿 m³,较多年同期均值(6.71 亿 m³)多蓄 1.63 亿 m³。

8 月 1 日蓄水量 11.65 亿 m³,较 2020 年同期(8.88 亿 m³)多蓄 2.77 亿 m³,较多年同期均值(7.61 亿 m³)多蓄 4.04 亿 m³。

9 月 1 日蓄水量 12.37 亿 m³,较 2020 年同期(10.07 亿 m³)多蓄 2.30 亿 m³,较多年同期均值(8.32 亿 m³)多蓄 4.05 亿 m³。

4.4　蓄滞洪区水情

受 7 月 17~23 日暴雨影响,卫河支流安阳河出现中等洪水,卫河淇门以上出现大洪水,上游出现区域性特大洪水。受暴雨洪水影响,卫河流域相继启用了广润坡、崔家桥、良相坡、共产主义渠西、长虹渠、柳围坡、白寺坡和小滩坡 8 个滞洪区分滞洪水(见附表10)。

4.4.1 蓄滞洪区启用情况

"7·20" 暴雨洪水过程中,卫河流域相继启用了广润坡、崔家桥、良相坡、共产主义渠西、长虹渠、柳围坡、白寺坡和小滩坡 8 个蓄滞洪区分滞洪水。其中,广润坡蓄滞洪区 7 月 21 日自然漫溢,7 月 27 日溢流面封堵;崔家桥蓄滞洪区 7 月 22 日自然漫溢,安阳水文站同时流量 530 m^3/s;良相坡蓄滞洪区 7 月 22 日自然漫溢,黄土岗水文站同时水位 72.73 m,闫村口门同时水位 69.09 m;共产主义渠西蓄滞洪区 7 月 22 日自然漫溢;长虹渠蓄滞洪区 7 月 23 日淇门扒口分洪,淇门水文站同时水位 67.99 m,8 月 9 日堵复,曹湾退水口 7 月 24 日扒口退水进卫河,8 月 15 日堵复;柳围坡蓄滞洪区 7 月 23 日宋村下马营扒口分洪,8 月 9 日堵复;白寺坡蓄滞洪区 7 月 24 日王湾扒口分洪,8 月 7 日堵复;小滩坡蓄滞洪区 7 月 30 日圈里扒口分洪,五陵水文站同时流量 814 m^3/s,8 月 6 日堵复。

4.4.2 蓄滞洪区蓄水

广润坡蓄滞洪区 7 月 25 日最大蓄洪量 0.86 亿 m^3,崔家桥蓄滞洪区 7 月 24 日最大蓄洪量 0.34 亿 m^3,良相坡蓄滞洪区 7 月 24 日最大蓄洪量 0.92 亿 m^3,共产主义渠西蓄滞洪区 7 月 27 日最大蓄洪量 0.72 亿 m^3,长虹渠蓄滞洪区 7 月 27 日最大蓄洪量 1.90 亿 m^3,柳围坡蓄滞洪区 7 月 26 日最大蓄洪量 0.98 亿 m^3,白寺坡蓄滞洪区 7 月 30 日最大蓄洪量 2.27 亿 m^3,小滩坡蓄滞洪区 8 月 4 日最大蓄洪量 0.74 亿 m^3。8 个蓄滞洪区累计最大蓄洪量 8.73 亿 m^3。

4.4.3 蓄滞洪区相关进、退水口水情

长虹渠淇门分洪口 7 月 24 日 12 时最大流量 748 m^3/s,7 月 23 日 15 时 20 分最高水位 67.45 m,断面过水量 3.29 亿 m^3;长虹渠曹湾退水口 7 月 28 日 11 时 35 分最大流量 905 m^3/s,7 月 27 日 6 时 57 分最高水位 63.19 m,断面过水量 3.76 亿 m^3。

白寺坡王湾进洪口 7 月 28 日 12 时最大流量 895 m^3/s,7 月 27 日 8 时最高水位 62.51 m,断面过水量 3.29 亿 m^3;白寺坡码头(民丰沟)退水口 7 月 30 日 7 时最大流量 80.5 m^3/s,7 月 30 日 16 时最高水位 57.99 m,断面过水量 0.11 亿 m^3;白寺坡台辉高速桥退水口 7 月 31 日 18 时最大流量 309 m^3/s,7 月 30 日 18 时最高水位 62.14 m,断面过水量 1.12 亿 m^3;卫河白寺坡段彭村决口 7 月 23 日 19 时最大流量 105 m^3/s,断面过水量 0.26 亿 m^3。

小滩坡圈里进洪口 7 月 31 日 21 时 23 分最大流量 302 m^3/s,7 月 30 日 7 时最高水位 59.42 m,断面过水量 0.91 亿 m^3;小滩坡浚内沟口退水口 8 月 4 日 7 时最大流量 70.8 m^3/s,7 月 31 日 22 时最高水位 55.41 m,断面过水量 0.30 亿 m^3。

柳围坡进水口 7 月 26 日 12 时 19 分最大流量 175 m^3/s,最高水位 68.19 m,断面过水量 0.65 亿 m^3;柳围坡退水口 7 月 26 日 13 时最大流量 32.1 m^3/s,最高水位 65.26 m,断面过水量 0.13 亿 m^3。

良相坡、共产主义渠西、广润坡、崔家桥蓄滞洪区为自然漫溢,无相关进、退水口门监测资料。

附　表

附表 1-1　2021 年汛期（5 月 15 日至 9 月 30 日）各月雨量统计表

市/流域	5 月 15~31 日			6 月			7 月			8 月			9 月			汛期（5 月 15 日至 9 月 30 日）		
	雨量/mm	均值/mm	(雨量-均值)/均值	雨量/mm	均值/mm	(雨量-均值)/均值	雨量/mm	均值/mm	(雨量-均值)/均值	雨量/mm	均值/mm	(雨量-均值)/均值	雨量/mm	均值/mm	(雨量-均值)/均值	雨量/mm	均值/mm	(雨量-均值)/均值
信阳	32.1	54.8	-42%	163.0	158.9	3%	348.3	213.1	63%	211.7	140.8	50%	59.4	84.8	-30%	814.5	652.4	25%
驻马店	26.8	39.1	-31%	138.2	132.5	4%	225.7	191.5	18%	197.6	153.1	29%	86.9	86.0	1%	675.2	602.3	12%
南阳	40.6	38.5	5%	97.7	103.7	-6%	222.7	179.9	24%	261.5	149.2	75%	202.5	92.0	120%	825.0	563.4	46%
许昌	19.0	29.1	-35%	33.7	78.6	-57%	406.4	178.0	128%	206.3	127.1	62%	195.2	70.3	178%	860.5	483.2	78%
平顶山	27.9	36.5	-24%	57.2	94.9	-40%	357.9	186.2	92%	249.3	156.6	59%	268.3	88.3	204%	960.6	562.7	71%
漯河	49.9	38.0	31%	34.3	96.5	-64%	353.9	182.0	94%	197.8	152.4	30%	257.8	80.2	221%	893.6	549.0	63%
周口	33.8	33.8	0	74.0	94.7	-22%	255.0	192.4	33%	166.3	132.9	25%	146.5	74.8	96%	675.6	528.5	28%
郑州	18.4	25.5	-28%	49.8	68.7	-28%	605.9	150.9	302%	254.7	126.2	102%	233.7	71.4	227%	1 162.5	442.8	163%
开封	27.1	25.9	5%	39.1	77.4	-50%	299.9	171.5	75%	297.4	119.6	149%	280.8	66.5	322%	944.3	461	105%
商丘	26.4	28.2	-7%	56.9	86.2	-34%	223.0	191.1	17%	224.0	134.7	66%	199.2	70.6	182%	729.4	510.8	43%
洛阳	27.5	27.9	-1%	40.8	74.4	-45%	236.4	152.2	55%	276.7	124.5	122%	295.4	86.1	243%	876.9	465.1	89%
三门峡	24.9	32.2	-23%	54.6	74.5	-27%	186.8	132.8	41%	270.9	105.9	156%	302.1	88.5	241%	839.3	434.0	93%

续附表 1-1

市/流域	5月15~31日			6月			7月			8月			9月			汛期（5月15日至9月30日）		
	雨量/mm	均值/mm	(雨量-均值)/均值	雨量/mm	均值/mm	(雨量-均值)/均值	雨量/mm	均值/mm	(雨量-均值)/均值	雨量/mm	均值/mm	(雨量-均值)/均值	雨量/mm	均值/mm	(雨量-均值)/均值	雨量/mm	均值/mm	(雨量-均值)/均值
新乡	26.0	26.0	0	47.2	74.3	-36%	702.3	189.5	271%	206.2	149.8	38%	298.1	65.8	353%	1 279.8	505.4	153%
焦作	16.7	22.2	-25%	53.5	71.3	-25%	583.7	149.4	291%	247.1	113.3	118%	290.9	69.6	318%	1 191.9	425.7	180%
安阳	25.2	24.5	3%	61.4	64.9	-5%	653.4	182.2	259%	165.9	146.8	13%	331.2	61.9	435%	1 237.0	480.3	158%
濮阳	32.0	20.6	55%	66.4	67.3	-1%	294.5	160.5	84%	203.4	117.5	73%	392.8	58.2	575%	989.1	424.1	133%
鹤壁	32.5	23.3	39%	54.0	71.0	-24%	820.8	179.7	357%	172.8	139.7	24%	344.1	64.9	430%	1 424.2	478.6	198%
济源	31.7	27.5	15%	62.2	64.9	-4%	453.9	171.6	165%	262.3	106.0	147%	358.2	81.9	337%	1 168.4	451.8	159%
全省	29.8	34.2	-13%	80.4	97.1	-17%	337.2	179.8	88%	230.5	137.4	68%	215.1	79.3	171%	893.0	527.8	69%
淮河流域	29.1	38.7	-25%	92.3	109.1	-15%	315.8	189.9	66%	216.1	139.9	54%	160.8	79.6	102%	814.1	557.2	46%
黄河流域	24.7	26.8	-8%	46.0	71.9	-36%	307.8	148.6	107%	264.4	115.6	129%	303.7	76.6	296%	946.6	439.6	115%
海河流域	25.5	24.6	4%	56.6	71.3	-21%	677.3	183.7	269%	171.0	146.0	17%	326.8	64.0	411%	1 257.2	489.7	157%
长江流域	38.6	37.8	2%	97.6	103.8	-6%	215	174.2	23%	263.9	147.5	79%	205.7	89.5	130%	820.8	552.7	49%

附表 1-2　2021 年汛期(6~9 月)各月雨量统计表

市/流域	6 月			7 月			8 月			9 月			汛期(6~9 月)		
	雨量/mm	均值/mm	(雨量-均值)/均值	雨量/mm	均值/mm	(雨量-均值)/均值	雨量/mm	均值/mm	(雨量-均值)/均值	雨量/mm	均值/mm	(雨量-均值)/均值	雨量/mm	均值/mm	(雨量-均值)/均值
信阳	163.0	158.9	3%	348.3	213.1	63%	211.7	140.8	50%	59.4	84.8	-30%	782.4	597.6	31%
驻马店	138.2	132.5	4%	225.7	191.5	18%	197.6	153.1	29%	86.9	86.0	1%	648.4	563.2	15%
南阳	97.7	103.7	-6%	222.7	179.9	24%	261.5	149.2	75%	202.5	92.0	120%	784.4	524.9	49%
许昌	33.7	78.6	-57%	406.4	178.0	128%	206.3	127.1	62%	195.2	70.4	177%	841.6	454.1	85%
平顶山	57.2	94.9	-40%	357.9	186.2	92%	249.3	156.6	59%	268.3	88.3	204%	932.7	526.2	77%
漯河	34.3	96.5	-64%	353.9	182.0	94%	197.8	152.4	30%	257.8	80.2	221%	843.7	511	65%
周口	74.0	94.7	-22%	255.0	192.4	33%	166.3	132.9	25%	146.5	74.8	96%	641.8	494.7	30%
郑州	49.8	68.7	-28%	605.9	150.9	302%	254.7	126.2	102%	233.7	71.4	227%	1 144.1	417.3	174%
开封	39.1	77.4	-50%	299.9	171.5	75%	297.4	119.6	149%	280.8	66.5	322%	917.1	435.1	111%
商丘	56.9	86.2	-34%	223.0	191.1	17%	224.0	134.7	66%	199.2	70.6	182%	703.0	482.6	46%
洛阳	40.8	74.4	-45%	236.4	152.2	55%	276.7	124.5	122%	295.4	86.1	243%	849.4	437.2	94%

续附表 1-2

市/流域	6月 雨量/mm	6月 均值/mm	6月 (雨量-均值)/均值	7月 雨量/mm	7月 均值/mm	7月 (雨量-均值)/均值	8月 雨量/mm	8月 均值/mm	8月 (雨量-均值)/均值	9月 雨量/mm	9月 均值/mm	9月 (雨量-均值)/均值	汛期(6~9月) 雨量/mm	汛期(6~9月) 均值/mm	汛期(6~9月) (雨量-均值)/均值
三门峡	54.6	74.5	-27%	186.8	132.8	41%	270.9	105.9	156%	302.1	88.5	241%	814.4	401.8	103%
新乡	47.2	74.3	-36%	702.3	189.5	271%	206.2	149.8	38%	298.1	65.8	353%	1 253.8	479.4	162%
焦作	53.5	71.3	-25%	583.7	149.4	291%	247.1	113.3	118%	290.9	69.6	318%	1 175.2	403.5	191%
安阳	61.4	64.9	-5%	653.4	182.2	259%	165.9	146.8	13%	331.2	61.9	435%	1 211.8	455.8	166%
濮阳	66.4	67.3	-1%	294.5	160.5	84%	203.4	117.5	73%	392.8	58.2	575%	957.1	403.5	137%
鹤壁	54.0	71	-24%	820.8	179.7	357%	172.8	139.7	24%	344.1	64.9	430%	1 391.8	455.3	206%
济源	62.2	64.9	-4%	453.9	171.6	165%	262.3	106.0	147%	358.2	81.9	337%	1 136.7	424.3	168%
全省	80.4	97.1	-17%	337.2	179.8	88%	230.5	137.4	68%	215.1	79.3	171%	863.2	493.6	75%
淮河流域	92.3	109.1	-15%	315.8	189.9	66%	216.1	139.9	54%	160.8	79.6	102%	785.0	518.5	51%
黄河流域	46.0	71.9	-36%	307.8	148.6	107%	264.4	115.6	129%	303.7	76.6	296%	921.9	412.8	123%
海河流域	56.6	71.3	-21%	677.3	183.7	269%	171.0	146.0	17%	326.8	64.0	411%	1 231.7	465.1	165%
长江流域	97.6	103.8	-6%	215.0	174.2	23%	263.9	147.5	79%	205.7	89.5	130%	782.2	514.9	52%

附表 2　2021 年汛期主要河河道控制站水位流量极值统计表

水系	河流	站名	最高水位（最大流量）					最低水位（最小流量）				
			年-月-日 T 时:分	水位/m	建站以来排位	年-月-日 T 时:分	流量/(m³/s)	建站以来排位	年-月-日 T 时:分	最低水位/mm	年-月-日 T 时:分	流量/(m³/s)
淮河	淮河	长台关	2021-07-17T12:00	64.70	第2小	2021-07-17T12:00	528	第21小	2021-06-11T08:00	61.49	2021-06-26T08:00	2.10
		息县	2021-05-16T20:00	34.66	第4小	2021-07-20T06:00	1 220	第15小	2021-09-29T08:00	30.09	2021-06-15T22:00	25.3
		淮滨	2021-07-09T08:00	27.43	第16小	2021-08-25T06:00	1 490	第17小	2021-06-12T08:00	20.09	2021-06-12T08:00	60.0
		王家坝	2021-07-09T11:54	27.04	第24小	2021-08-25T12:36	1 930	第16小	2021-06-12T12:24	20.02	2021-06-15T08:00	79.9
	竹竿河	竹竿铺	2021-07-20T00:00	42.29	第4小	2021-07-20T00:00	473	第16小	2021-09-19T08:00	38.09	2021-06-13T08:00	3.00
	潢河	潢川	2021-07-03T12:00	36.81	第13小	2021-07-03T12:00	1 010	第35大	2021-05-22T08:00	33.45	2021-06-12T08:00	4.50
	白露河	北庙集	2021-07-09T00:00	30.79	第29小	2021-07-09T00:00	636	第8大	2021-06-14T08:00	25.06	2021-06-12T08:00	5.00
	史灌河	蒋家集	2021-07-09T04:00	30.11	第27小	2021-07-09T01:50	1 730	第30大	2021-06-12T08:00	25.02	2021-06-12T08:00	26.0
	汝河	遂平	2021-06-15T12:00	61.28	第32大	2021-06-15T12:30	1 250	第23大	2021-07-13T06:00	53.85	2021-07-13T06:00	7.00
洪汝河	小洪河	杨庄	2021-09-05T08:30	65.92	第21大	2021-09-05T06:53	416	第16大	2021-08-19T08:00	57.44	2021-06-11T08:00	1.08
		桂李	2021-09-05T11:30	62.49	第14大	2021-09-05T08:30	407	第7大	2021-09-09T14:00	56.91	2021-06-11T08:00	1.04
		五沟营	2021-09-05T15:30	56.72	第6大	2021-09-05T14:51	403	第4大	2021-07-13T08:00	48.99	2021-07-13T08:00	0.70
	大洪河	班台	2021-07-24T12:00	32.05	第30小	2021-07-24T12:00	895	第35大	2021-06-04T08:00	22.45	2021-06-04T08:00	3.90
	北汝河	紫罗山	2021-07-20T08:00	289.88	第16小	2021-07-20T08:00	1 050	第24大	2021-08-06T08:00	286.87	2021-05-22T08:00	2.05
		大陈	2021-08-28T17:50	79.46	第10大	2021-07-21T08:40	956	第12大	2021-07-21T03:00	72.81	2021-05-15T08:00	0
沙颍河	澧河	何口	2021-09-25T14:20	70.88	第9大	2021-07-21T14:00	2 040	第11大	2021-09-15T08:00	59.07	2021-07-19T08:00	9.40
	沙河	马湾	2021-09-26T04:20	67.61	第11大	2021-09-26T17:15	1 840	第13大	2021-07-20T23:30	64.30	2021-05-15T08:00	0
		漯河	2021-09-26T07:30	61.47	第7大	2021-09-26T04:30	2 780	第11大	2021-07-30T20:00	53.96	2021-07-03T20:00	8.24
	颍河	周口	2021-09-27T11:00	49.48	第6大	2021-09-27T09:00	2 660	第8大	2021-07-31T14:00	41.94	2021-07-11T06:00	3.24
		槐店	2021-09-27T23:00	39.52	第7大	2021-09-27T19:00	2 630	第4大	2021-08-28T08:00	30.90	2021-08-28T08:00	0
	贾鲁河	中牟	2021-07-21T07:00	79.40	第1大	2021-07-21T07:00	600	第1大	2021-08-13T08:00	73.69	2021-07-12T08:00	9.80
		扶沟	2021-07-24T16:00	59.54	第1大	2021-07-24T10:00	316	—	2021-06-19T08:00	55.53	2021-06-03T08:00	7.40

续附表 2

水系	河流	站名	最高水位（最大流量）					最低水位（最小流量）			
			年-月-日 T时:分	水位/m	建站以来排位	年-月-日 T时:分	流量/(m³/s)	建站以来排位	水位/mm	年-月-日 T时:分	流量/(m³/s)
涡河	惠济河	大王庙	2021-09-26T16:00	58.72	第8大	2021-09-26T16:00	117	第18大	55.30	2021-07-11T20:00	2.50
	涡河	邸阁	2021-07-22T08:00	59.40	第14大	2021-07-22T08:00	39.0	第13大	56.23	2021-06-13T08:00	0
	沱河	永城	2021-09-26T05:50	32.06	第23大	2021-09-27T08:00	315	第18大	28.92	2021-08-21T20:00	4.20
唐白河	白河	南阳	2021-09-25T14:00	115.56	—	2021-09-25T14:00	4 260	第4大	109.31	2021-06-16T06:00	3.30
		汲滩	2021-09-24T14:48	95.78	第28小	2021-09-24T14:48	1 900	第11大	92.14	2021-06-20T08:00	1.00
		新店铺	2021-09-25T21:00	80.63	第26大	2021-09-25T21:00	4 440	第10大	74.62	2021-08-08T08:00	29.9
	黄鸭河	李青店	2021-09-25T02:30	204.10	第1大	2021-09-25T02:30	7 860	第1大	197.17	2021-06-14T20:00	0.080
	唐河	唐河	2021-08-29T18:00	92.95	第9小	2021-08-23T08:54	1 000	第20大	89.12	2021-07-04T20:00	0.180
		郭滩	2021-08-23T15:00	84.42	第30小	2021-08-23T11:43	1 760	第30大	77.49	2021-06-05T09:00	9.87
汉江	丹江	荆紫关	2021-09-01T22:00	214.46	第5大	2021-09-01T18:00	2 690	第9大	209.62	2021-07-07T20:00	2.60
	老灌河	西峡	2021-08-29T18:00	79.34	第16大	2021-08-29T16:00	2 740	第6大	73.49	2021-07-10T08:00	1.10
伊洛河	伊洛河	黑石关	2021-09-20T09:00	112.26	第17大	2021-09-20T09:00	2 970	第8大	104.21	2021-07-08T06:00	5.20
	洛河	卢氏	2021-07-23T18:54	553.76	—	2021-07-23T18:54	2 610	第1大	549.62	2021-07-10T08:00	1.10
	伊河	龙门镇	2021-07-20T13:12	149.75	第9小	2021-07-20T13:27	1 340	第12大	147.14	2021-06-18T08:00	5.73
黄河	黄河	花园口	2021-09-28T13:24	91.11	第4小	2021-10-14T06:57	4 950	第31小	88.37	2021-08-28T08:00	397
		高村	2021-09-29T20:42	60.23	第5小	2021-10-03T02:00	4 990	第18小	57.30	2021-08-29T08:00	488
	金堤河	濮阳	2021-09-26T09:30	50.98	第19大	2021-09-26T09:30	140	第11大	48.80	2021-06-01T08:00	0
		范县	2021-09-28T08:00	47.38	第1大	2021-09-28T04:00	280	第4大	43.49	2021-06-12T08:00	0
	天然文岩渠	大车集	2021-05-17T08:00	65.86	第12小	2021-07-23T08:00	162	第8大	63.78	2021-06-01T08:00	0
	沁河	武陟	2021-09-27T15:24	106.12	第18大	2021-09-27T15:24	2 000	第4大	98.02	2021-06-28T20:00	0.265

续附表 2

水系	河流	站名	最高水位（最大流量）				最低水位（最小流量）				
			年-月-日 T时:分	水位/m	建站以来排位	流量/(m³/s)	年-月-日 T时:分	水位/mm	建站以来排位	年-月-日 T时:分	流量/(m³/s)
漳卫南运河	大沙河	修武	2021-07-22T18:00	83.65	第 1 大	343	2021-07-07T08:00	78.73	第 1 大	2021-06-01T08:00	0
	共渠	合河	2021-07-23T10:00	76.77	第 1 大	1 320	2021-07-10T06:00	71.91	第 3 大	2021-07-10T06:00	1.10
		黄土岗	2021-07-23T22:00	73.67	第 1 大	1 140	2021-06-23T08:00	66.43	第 3 大	2021-06-23T08:00	0.290
		刘庄	2021-07-22T19:00	67.25	第 1 大	523	2021-07-03T20:00	59.82	第 5 大	2021-07-02T20:00	0
	卫河	汲县	2021-07-24T08:00	72.76	第 1 大	265	2021-06-23T08:00	66.67	第 1 大	2021-06-23T08:00	0.780
		淇门	2021-07-23T00:00	68.03	第 1 大	460	2021-06-27T06:00	58.58	第 5 大	2020-06-25T20:00	0
		五陵	2021-07-31T10:00	56.44	第 6 大	861	2021-06-26T08:00	47.47	第 1 大	2021-06-08T08:00	0
		元村	2021-07-25T05:00	47.98	第 27 大	947	2021-06-18T06:00	38.12	第 3 大	2021-06-17T20:00	0
	淇河	新村	2021-07-22T08:00	100.53	第 5 大	1 080	2021-06-30T08:00	95.73	第 8 大	2021-07-02T08:00	0.162
	浊漳河	天桥断	2021-10-07T06:00	345.44	第 2 大	1 020	2021-08-13T08:00	340.98	第 4 大	2021-08-19T08:00	0.210
	安阳河	横水	2021-07-22T05:00	6.94	第 1 大	607	2021-06-09T08:00	2.20	第 4 大	2021-06-09T08:00	0.086
		安阳	2021-07-22T12:00	74.99	第 4 大	1 890	2021-07-11T08:00	66.94	第 3 大	2021-06-25T08:00	0.027

附表3　2021年汛期主要河道控制站最高水位（最大流量）超历史极值及超警戒（超保）情况统计表

水系	河流	站名	最高水位（最大流量）				警戒	保证		超警戒（超保）幅度			场次洪水		历史极值		超历史极值	
			水位/m	水位出现时间（年-月-日 T时:分）	流量/(m³/s)	流量出现时间（年-月-日 T时:分）	警戒水位/m	保证水位/m	保证流量/(m³/s)	超警戒水位/m	超保证水位/m	超保证流量/(m³/s)	场次洪水超警戒历时/h	场次洪水超保历时/h	水位/m	流量/(m³/s)	水位/m	流量/(m³/s)
卫河	大沙河	修武	83.65	2021-07-22 T19:00	343	2021-07-22 T19:00	82.00	83.50	230	1.65	0.15	113	121	15	83.02	203	0.63	140
	共产主义渠	合河（共）	76.77	2021-07-23 T11:00	1 320	2021-07-23 T11:00	74.00	75.80	1 000	2.77	0.97	320	379	97	75.90	1 710	0.87	—
	共产主义渠	黄土岗	73.67	2021-07-24 T00:00	1 140	2021-07-24 T00:00	70.00	71.50	900	3.67	2.17	240	278	164	71.48	1 290	2.19	—
	卫河	汲县	72.76	2021-07-24 T08:00	265	2021-07-24 T08:00	69.20	71.20	160	3.56	1.56	105	290	92	70.77	260	1.99	5
	共产主义渠	刘庄	67.25	2021-07-24 T19:30	523	2021-07-24 T15:00	64.44	66.20	400	2.81	1.05	123	308	76	66.24	600	1.01	—
	卫河	淇门	68.03	2021-07-23 T00:00	460	2021-07-22 T18:30	64.10	66.40	400	3.93	1.63	60	328	77	67.45	824	0.58	—
	卫河	五陵	56.44	2021-07-31 T11:00	861	2021-07-31 T11:00	56.00	57.89	1 500	0.44	—	—	120	—	59.30	749	—	112
	卫河	元村	47.98	2021-07-25 T06:00	947	2021-07-25 T06:00	47.68	49.68	2 500	0.30	—	—	76	—	53.67	1 580	—	—
	淇河	新村	100.53	2021-07-22 T08:00	1 080	2021-07-22 T08:00	—	99.50	800	—	1.03	280	—	6	105.91	5 590	—	—
	安阳河	横水	6.94	2021-07-22 T07:00	607	2021-07-22 T07:10	—	—	—	—	—	—	—	—	6.80	1 140	0.14	—
	安阳河	安阳	74.99	2021-07-22 T13:30	1 890	2021-07-22 T13:25	73.18	75.18	1 180	1.81	—	710	8	—	76.42	2 060	—	—

续附表 3

水系	河流	站名	最高水位（最大流量）				警戒	保证		超警戒（超保）幅度			场次洪水超警戒历时/h	场次洪水超保历时/h	历史极值		超历史极值	
			水位/m	水位出现时间/(年-月-日 T时:分)	流量/(m³/s)	流量出现时间/(年-月-日 T时:分)	警戒水位/m	保证水位/m	保证流量/(m³/s)	超警戒水位/m	超保证水位/m	超保证流量/(m³/s)			水位/m	流量/(m³/s)	水位/m	流量/(m³/s)
沙颖河	贾鲁河	中牟	79.40	2021-07-21 T15:00	600	2021-07-21 T15:00	—	—	—	—	—	—	—	—	77.69	245	1.71	355
	贾鲁河	扶沟	59.54	2021-07-24 T16:00	316	2021-07-24 T10:00	—	—	—	—	—	—	—	—	58.78	—	0.76	—
	澧河	何口	70.88	2021-09-25 T15:00	2 040	2021-09-25 T15:00	68.00	70.40	2 400	2.88	0.48	—	19	7	72.40	3 020	—	—
	沙河	漯河	61.47	2021-09-26 T07:30	2 780	2021-09-26 T04:30	59.50	61.70	3 000	1.97	—	—	57	—	62.90	3 950	—	—
	颍河	周口	49.98	2021-09-27 T11:00	2 660	2021-09-27 T09:00	46.10	49.83	3 250	3.88	—	—	108	—	50.15	3 450	—	—
	颍河	槐店	39.52	2021-09-27 T23:00	2 630	2021-09-27 T17:00	37.86	40.43	3 510	1.66	—	—	76	—	40.43	3 160	—	—
洪汝河	小洪河	杨庄	65.92	2021-09-05 T08:30	416	2021-09-05 T06:53	64.50	67.30	650	1.42	—	—	33	—	68.64	855	—	—
	小洪河	桂李	62.49	2021-09-05 T11:30	407	2021-09-05 T08:30	60.50	63.00	420	1.99	—	—	38	—	63.31	627	—	—
	小洪河	五沟营	56.72	2021-09-05 T15:30	403	2021-09-05 T14:51	55.29	56.49	380	1.43	0.23	—	37	15	57.67	495	—	—
唐白河	黄鸭河	李青店	204.10	2021-09-25 T02:30	7 860	2021-09-25 T02:30	—	—	—	—	—	—	—	—	199.22	5 670	4.88	2 190
涡河	惠济河	大王庙	58.72	2021-09-26 T16:00	117	2021-09-26 T16:00	57.40	59.40	554	1.32	—	—	190	—	60.06	313	—	—

续附表 3

水系	河流	站名	最高水位（最大流量）				警戒	保证		超警戒（超保）幅度			场次洪水		历史极值		超历史极值	
			水位/m	水位出现时间（年-月-日 T 时:分）	流量/(m³/s)	流量出现时间（年-月-日 T 时:分）	警戒水位/m	保证水位/m	保证流量/(m³/s)	超警戒水位/m	超保证水位/m	超保证流量/(m³/s)	超警戒历时/h	超保历时/h	水位/m	流量/(m³/s)	水位/m	流量/(m³/s)
黄河	金堤河	范县	47.38	2021-09-28 T08:00	280	2021-09-28 T04:00	—	—	—	—	—	—	—	—	47.18	452	0.20	—
	宏农涧河	朱阳	673.16	2021-09-19 T00:00	200	2021-09-19 T00:00	—	—	—	—	—	—	—	—	672.95	216	0.21	—
	沁河	武陟	106.12	2021-09-27 T15:24	2 000	2021-09-27 T15:24	105.67	—	—	0.45	—	—	33	—	108.83	4 130	—	—
	伊洛河	黑石关	112.26	2021-09-20 T09:00	2 970	2021-09-20 T09:00	110.78	112.78	2 050	1.48	—	920	60	52	115.53	9 450	—	—
伊洛河	洛河	卢氏	553.76	2021-07-23 T18:54	2 610	2021-07-23 T18:54	—	—	—	—	—	—	—	—	—	2 310	—	300

附表 4 2021 年汛期主要河道控制站平均流量统计表

河流	站名	6月 平均流量 (m³/s)	6月 多年均值 (m³/s)	6月 流量/均值	7月 平均流量 (m³/s)	7月 多年均值 (m³/s)	7月 流量/均值	8月 平均流量 (m³/s)	8月 多年均值 (m³/s)	8月 流量/均值	9月 平均流量 (m³/s)	9月 多年均值 (m³/s)	9月 流量/均值	汛期 平均流量 (m³/s)	汛期 多年均值 (m³/s)	汛期 平均流量/多年均值
淮河	息县	81.50	167.00	49%	363.00	341.00	106%	285.00	245.00	116%	151.00	123.00	123%	220.00	219.00	101%
	淮滨	130.00	234.00	56%	742.00	532.00	139%	457.00	339.00	135%	245.00	192.00	128%	394.00	324.00	121%
潢河	潢川	46.80	39.90	117%	196.00	83.80	234%	81.30	48.30	168%	16.80	23.30	72%	85.20	48.80	175%
史河	蒋家集	94.20	84.20	112%	573.00	210.00	273%	197.00	121.00	163%	69.90	76.10	92%	234.00	123.00	190%
洪河	杨庄	5.72	7.78	74%	28.50	24.60	116%	10.10	20.70	49%	33.20	12.50	266%	19.40	16.40	118%
	新蔡	9.50	33.00	29%	80.20	92.60	87%	43.20	79.80	54%	115.00	40.10	287%	62.00	61.40	101%
	班台	99.50	88.30	113%	258.00	264.00	98%	137.00	201.00	68%	209.00	114.00	183%	176.00	167.00	105%
汝河	遂平	40.40	19.70	205%	64.60	51.40	126%	23.20	44.40	52%	19.80	21.80	91%	37.00	34.20	108%
颍河	黄桥	8.45	12.20	69%	129.00	42.30	305%	64.30	51.00	126%	128.00	30.40	421%	82.40	34.00	242%
	周口	43.20	79.00	55%	501.00	244.00	205%	244.00	271.00	90%	1 000.00	177.00	565%	447.00	193.00	232%
沙河	漯河	31.20	60.40	52%	354.00	174.00	203%	108.00	191.00	57%	694.00	109.00	637%	297.00	133.00	223%
北汝河	大陈	0.28	18.30	2%	80.30	52.00	154%	33.50	76.20	44%	205.00	43.60	470%	79.80	47.60	168%
澧河	何口	16.00	17.30	92%	39.60	55.20	72%	23.50	45.90	51%	115.00	24.70	466%	48.50	35.80	136%
贾鲁河	扶沟	22.40	9.07	247%	102.00	28.50	358%	85.50	34.40	249%	105.50	26.30	401%	78.90	24.60	321%
泉河	沈丘	14.20	14.70	97%	74.30	49.30	151%	43.40	49.10	88%	90.40	24.30	372%	55.60	34.40	162%
涡河	玄武	0	2.58	0	11.60	12.00	97%	2.93	17.80	16%	17.40	15.10	115%	7.98	11.80	68%
惠济河	砖桥	16.20	11.00	147%	19.10	31.90	60%	24.70	39.30	63%	56.40	23.90	236%	29.10	27.00	108%
沱河	永城	0.01	1.67	1%	2.70	12.70	21%	20.60	11.30	182%	80.20	5.36	1 496%	25.90	7.81	331%
老灌河	西峡	9.75	15.40	63%	60.70	65.90	92%	80.80	67.60	120%	190.00	49.10	387%	85.30	49.50	172%
淇河	汲滩	4.10	19.00	22%	18.00	66.10	27%	36.50	72.70	50%	111.00	42.90	259%	42.40	50.20	84%
白河	新店铺	80.80	57.20	141%	253.00	174.0	145%	217.00	193.00	112%	695.00	102.00	681%	311.00	132.00	236%

续附表 4

河流	站名	6月			7月			8月			9月			汛期		
		平均流量/(m³/s)	多年均值/(m³/s)	流量/均值	平均流量/(m³/s)	多年均值/(m³/s)	流量/均值	平均流量/(m³/s)	多年均值/(m³/s)	流量/均值	平均流量/(m³/s)	多年均值/(m³/s)	流量/均值	平均流量/(m³/s)	多年均值/(m³/s)	平均流量/多年均值
唐河	唐河	14.50	42.00	35%	18.70	123.00	15%	35.00	112.00	31%	48.00	43.90	109%	29.10	80.40	36%
	郭滩	59.90	59.20	101%	83.20	172.00	48%	169.00	144.00	117%	166.00	66.40	250%	120.00	111.00	108%
洛河	白马寺	45.90	34.00	135%	86.20	110.00	78%	144.00	92.10	156%	580.00	96.90	599%	214.00	83.90	255%
伊洛河	黑石关	73.00	55.30	132%	163.00	149.00	109%	232.00	174.00	133%	930.00	146.00	637%	350.00	131.00	267%
黄河	花园口	2 720.00	945.00	288%	1 810.00	1 652.00	110%	691.00	2 228.00	31%	2 040.00	2 157.00	95%	1 816.00	1 746.00	104%
沁河	武陟	1.30	9.90	13%	262.00	40.20	652%	48.40	87.20	56%	354.00	52.40	676%	166.00	47.40	351%
共产主义渠	合河	0	4.96	0	194.00	20.10	965%	44.10	31.60	140%	118.00	18.80	628%	89.00	18.90	471%
	刘庄	0	0.91	0	42.50	9.59	443%	96.60	28.00	345%	129.00	7.94	1 625%	67.00	11.60	578%
淇河	新村	0.27	4.14	7%	47.50	13.00	365%	67.60	34.50	196%	55.00	16.10	342%	42.60	17.00	251%
卫河	淇门	3.80	12.60	30%	76.10	33.40	228%	82.00	52.10	157%	115.00	39.20	293%	69.20	34.30	202%
	元村	0.66	14.10	5%	121.00	54.90	220%	342.00	103.00	332%	309.00	61.70	501%	193.00	58.40	331%
	范县	5.99	3.92	153%	23.40	16.10	145%	22.30	21.40	104%	112.00	12.60	889%	40.90	13.50	303%
金堤河	大车集	0	12.90	0	26.80	27.60	97%	5.49	33.50	16%	41.90	26.40	159%	18.50	25.10	74%

附表 5　2021 年汛期大中型水库超有实测记录以来极值情况统计表

水系	河流	水库名	所在县市	有实测记录以来最高水位		2021 年汛期最高水位		超有实测记录以来最高
				水位/m	时间(年-月-日)	水位/m	时间(年-月-日 T 时:分)	水位/m
卫河	淇河	盘石头	淇县	239.61	2012-02-11	260.08	2021-09-30T20:00	20.47
	安阳河	小南海	安阳县	175.65	2016-07-20	176.74	2021-07-22T14:30	1.09
	澧河	燕山	叶县	106.89	2010-09-07	106.97	2021-09-04T11:00	0.08
	北汝河	前坪	汝阳县	385.75	2020-12-03	403.42	2021-09-01T21:00	17.67
	澧河	孤石滩	叶县	158.72	1975-08-08	156.77	2021-09-25T03:00	-1.95
	贾鲁河	尖岗	郑州市	150.39	1976-03-08	153.63	2021-07-21T06:30	3.24
	贾峪河	常庄	郑州市	128.73	2003-10-12	131.31	2021-07-20T19:10	2.58
	索河	丁店	荥阳市	174.55	2003-12-27	178.81	2021-07-21T12:00	4.26
	索河	楚楼	荥阳市	149.94	2006-05-24	150.08	2021-7-24T02:00	0.14
沙颍河	十八里河	后胡	新密市	153.00	1983-04-25	155.00	2021-07-21T08:00	2.00
	石崇河	纸坊(登封)	登封市	451.41	1983-08	451.80	2021-07-20T12:00	0.39
	双洎河	五星	新郑市	217.89	2009-03-26	218.94	2021-07-21T04:00	1.05
	双洎河	李湾	新密市	328.25	1996-08	328.40	2021-07-21T08:00	0.15
	双洎河	佛耳岗	长葛市	94.24	2000-07-17	95.83	2021-07-21T08:00	1.59
	黄涧河	安沟	汝州市	270.63	2016-09-08	270.87	2021-07-21T06:00	0.24
	澎河	彭河	鲁山县	151.51	1975-08-08	152.00	2021-09-25T03:00	0.49
	宏农涧河	窄口	灵宝市	642.51	2003-10-13	643.54	2021-09-19T22:00	1.03
黄河	沁河	河口村	济源市	260.77	2017-06-01	279.67	2021-09-29T23:00	18.90
	枯河	唐岗	荥阳市	118.20	1958-09-11	118.76	2021-07-21T09:00	0.56
	坞罗河	坞罗	巩义市	252.69	1966-08-06	256.67	2021-07-20T21:00	3.98
唐白河	白河	鸭河口	南召县	178.61	2000-07-04	179.91	2021-09-25T10:00	1.30

附表6　2021年汛期大型水库蓄水情况统计表

单位:百万 m³

| 序号 | 水库名 | 蓄水量 | | | | | | | | | | | | | 汛期蓄变量 |
| | | 6月 | | | 7月 | | | 8月 | | | 9月 | | | 10月 | |
		1日	11日	21日	1日	11日	21日	1日	11日	21日	1日	11日	21日	1日	
1	出山店	88.57	86.91	89.13	85.24	87.46	86.91	84.69	89.41	88.30	181.57	162.79	162.34	169.05	80.48
2	南湾	626.66	592.78	594.32	642.24	662.56	660.98	642.24	617.42	639.90	665.72	645.36	632.10	630.54	3.88
3	石山口	102.60	96.26	99.16	109.52	125.25	130.12	132.42	126.25	132.46	161.00	158.48	154.92	148.80	46.20
4	五岳	86.27	83.72	81.80	83.04	79.67	84.88	80.00	80.45	89.32	85.11	85.68	86.15	84.53	-1.74
5	泼河	126.95	128.13	132.11	130.94	131.37	133.42	132.99	122.53	123.19	122.83	125.03	127.45	128.72	1.77
6	鲇鱼山	425.61	400.52	441.99	462.26	494.30	467.72	478.39	449.78	478.39	460.31	450.95	442.77	432.24	6.63
7	板桥	192.64	189.30	198.44	185.15	177.02	192.64	187.25	185.85	192.64	231.75	227.72	230.00	240.83	48.19
8	薄山	207.70	204.40	220.80	213.70	206.70	205.90	214.40	202.70	208.40	216.30	208.70	207.50	208.70	1.00
9	宋家场	46.30	45.68	47.47	47.64	48.33	49.11	53.36	53.01	55.01	61.18	61.96	61.67	62.83	16.53
10	宿鸭湖	181.03	169.25	213.96	202.88	188.16	212.84	184.00	187.12	201.82	246.20	241.24	223.10	220.80	39.77
11	鸭河口	672.04	648.74	682.94	664.28	645.30	788.30	726.22	704.38	709.68	834.00	882.44	879.87	853.72	181.68
12	赵湾	54.20	53.80	55.30	54.00	51.40	58.10	54.90	54.80	55.10	58.00	56.30	58.80	57.60	3.40
13	昭平台	195.05	179.76	168.77	162.71	159.55	328.64	226.31	202.05	189.87	339.05	403.23	405.85	401.00	205.95
14	白龟山	276.96	264.66	259.22	255.63	249.12	270.77	264.05	261.63	262.84	302.00	323.05	307.07	315.00	38.04
15	孤石滩	47.92	46.00	45.84	44.32	42.48	53.07	54.13	52.90	51.84	65.48	72.77	75.12	71.54	23.62
16	燕山	168.25	158.94	166.12	156.89	146.59	171.56	156.66	151.86	150.76	215.02	217.70	218.85	216.17	47.92
17	石漫滩	69.50	67.00	68.40	67.80	66.10	67.40	64.60	65.40	65.90	69.20	69.10	71.23	71.41	1.91

续附表 6

序号	水库名	蓄水量													汛期蓄变量
		6 月			7 月			8 月			9 月			10 月	
		1 日	11 日	21 日	1 日	11 日	21 日	1 日	11 日	21 日	1 日	11 日	21 日	1 日	
18	前坪	221.00	219.00	217.00	214.00	212.00	234.00	254.00	255.00	255.00	321.00	316.00	303.76	296.78	75.78
19	白沙	18.33	17.70	17.15	16.61	16.35	106.50	90.46	90.29	91.28	108.46	111.63	116.56	114.67	96.34
20	窄口	96.42	95.00	92.94	91.54	90.31	97.27	92.11	89.37	88.47	100.45	106.30	103.83	106.16	9.74
21	陆浑	516.83	511.16	496.79	464.81	433.28	441.56	504.73	485.93	477.22	611.71	625.90	588.00	645.80	128.97
22	河口村	77.28	75.32	73.35	70.26	67.28	153.42	81.84	85.26	84.09	118.56	249.10	230.77	272.30	195.02
23	盘石头	87.86	86.32	84.88	83.52	82.20	144.10	339.26	302.85	216.10	231.70	285.87	321.43	377.17	289.31
24	小南海	18.34	18.52	17.94	15.87	15.52	18.14	34.78	34.44	34.25	36.62	45.12	46.67	45.74	27.40
	合计	4 604.31	4 438.87	4 565.82	4 524.85	4 478.3	5 157.35	5 133.79	4 950.68	4 941.83	5 843.22	6 132.42	6 055.81	6 172.1	1 567.79

附表 7 2021 年汛期大型水库特征值统计表

序号	水库名	最大最高特征值					超汛限水位/m	最小最低特征值			死水位/m	死库容/百万 m³	距死水位/m	距死库容/百万 m³
		年-月-日 T 时:分	水位/m	蓄水量/百万 m³	入库流量/(m³/s)	出库流量/(m³/s)		年-月-日 T 时:分	水位/m	蓄水量/百万 m³				
1	出山店	2021-08-29T23:00	87.98	182.91	1 340	526		2021-07-29T07:00	85.56	82.19	84.00	38.90		
2	南湾	2021-08-28T13:00	103.30	667.30	3 850	41.6		2021-06-15T16:00	102.23	584.31	88.00	42.00		
3	石山口	2021-08-30T02:00	79.25	161.00	601	7.3		2021-06-15T12:00	76.82	95.28	71.00	11.00		
4	五岳	2021-08-21T08:00	89.01	89.32	194	57		2021-07-24T10:00	87.99	77.68	78.00	12.00		
5	泼河	2021-07-06T12:00	81.19	138.09	422	52	0.19	2021-08-20T08:00	79.93	119.65	70.00	19.00		
6	鲇鱼山	2021-07-07T01:00	106.93	508.51	1 200	259	0.93	2021-06-15T16:00	104.09	394.44	84.00	15.00		
7	板桥	2021-10-01T03:00	111.10	241.20	1 870	102		2021-07-15T09:00	109.21	176.03	101.04	24.50		
8	薄山	2021-06-17T04:00	113.80	223.40	834	17		2021-08-15T16:00	112.49	201.20	92.00	11.00		
9	宋家场	2021-09-29T07:00	184.70	62.83	120	2.8		2021-06-14T08:00	182.76	45.53	175.00	7.00		
10	宿鸭湖	2021-07-22T20:00	52.96	259.96	3 800	644	0.46	2021-06-12T14:00	52.09	163.46	50.50	42.00		
11	鸭河口	2021-09-25T10:00	179.91	1 102.90	18 200	5 000		2021-07-13T14:00	174.49	640.50	160.00	70.00		
12	赵湾	2021-09-24T13:00	220.11	63.30	667	100	0.61	2021-07-15T00:00	218.28	51.20	208.00	6.00		
13	昭平台	2021-09-25T12:00	174.78	423.01	8 300	634		2021-07-18T10:00	165.98	154.00	159.00	36.00		
14	白龟山	2021-09-25T09:00	103.94	366.70	3 980	1 350	0.94	2021-07-14T13:00	102.13	247.95	97.50	66.88		
15	孤石滩	2021-09-25T03:00	156.77	116.76	4 790	1 200	0.97	2021-07-18T11:00	149.75	41.20	141.00	2.91		
16	燕山	2021-09-04T11:00	106.97	258.76	3 240	914		2021-07-15T13:00	103.54	143.24	95.00	20.00		
17	石漫滩	2021-07-19T18:00	107.57	74.83	779	155	0.57	2021-07-27T08:00	106.39	63.50	95.00	5.60		

续附表 7

序号	水库名	最大最高特征值						最小最低特征值						
		年-月-日 T 时:分	水位/m	蓄水量/百万 m³	入库流量/(m³/s)	出库流量/(m³/s)	超汛限水位/m	年-月-日 T 时	水位/m	蓄水量/百万 m³	死水位/m	死库容/百万 m³	距死水位/m	距死库容/百万 m³
18	前坪	2021-09-01T21:00	403.42	324.26	918	409		2021-07-18T08:00	392.05	212.00		65.73		
19	白沙	2021-09-29T07:00	225.98	123.33	2 680	200		2021-07-18T08:00	211.96	16.08	209.00	6.91		
20	窄口	2021-09-19T22:00	643.54	108.15	280	92.7	1.54	2021-09-25T10:00	638.68	87.37	620.50	1.00		
21	陆浑	2021-09-20T00:00	319.15	653.00	2 630	1 000	1.65	2021-07-19T08:00	312.84	418.72	298.00	105.00		
22	河口村	2021-09-29T23:00	279.67	278.18	3 640	1 840	4.67	2021-07-11T08:00	231.66	67.28	225.00	51.00		
23	盘石头	2021-09-30T20:00	260.08	378.29	2 710	303		2021-07-17T06:00	225.28	82.12	208.00	22.50		
24	小南海	2021-07-22T14:30	176.74	4 389.40	1 380	850	16.74	2021-07-19T13:00	158.55	14.43	150.00	4.60		

附表8　2021年汛期中型水库蓄水情况统计表

单位：百万 m³

总序号	市	序号	县市	水库名	蓄水量												
					6月			7月			8月			9月			10月
					1日	11日	21日	1日	11日	21日	1日	11日	21日	1日	11日	21日	1日
1	郑州市	1	郑州市	尖岗	21.09	20.66	19.80	18.66	18.21	45.08	24.94	24.78	24.52	26.62	26.71	26.71	26.96
2		2	巩义市	常庄	5.65	5.55	5.47	5.37	5.27	7.29	1.39	0.99	0.93	1.60	0.82	0.95	1.30
3		3		坞罗	1.34	1.15	1.03	2.04	2.65	8.96	6.02	4.35	3.38	3.53	4.50	4.55	4.06
4		4	荥阳市	唐岗	3.39	3.12	2.91	2.68	2.58	7.47	4.36	3.00	2.59	4.26	3.29	3.87	3.70
5		5		楚楼	0	0	0	0	0	4.78	9.72	9.57	5.29	5.20	4.83	5.03	5.10
6		6		丁店	0	0	0	0	0	32.76	16.79	3.87	1.18	2.17	1.14	1.88	2.06
7		7		河王	11.18	9.94	10.23	9.74	9.63	13.86	13.14	12.98	10.47	9.62	8.06	9.26	9.07
8		8	新密市	李湾	0	0	0	0	0	16.32	14.59	12.77	12.51	12.97	12.88	13.42	13.54
9		9		后胡	0.70	0.70	0.70	0.70	0.70	7.60	3.96	1.58	0.98	1.53	1.18	1.08	1.14
10		10	新郑市	老观寨	0.43	0.43	0.43	0.43	0.43	3.21	0.91	0.43	0.43	0.60	0.43	0.43	0.43
11		11		五星	2.15	1.95	1.97	2.01	1.81	4.88	0.97	0.70	0.70	0.70	0.70	0.70	0.70
12		12	登封市	少林	1.47	1.46	1.45	1.44	1.43	7.73	4.89	4.90	4.89	4.36	3.39	3.95	4.71
13		13		茅门	1.69	1.68	1.66	1.65	1.64	7.53	6.05	6.06	6.10	6.44	6.61	6.33	6.29
14		14		纸坊	1.73	1.73	1.74	1.74	1.70	10.13	5.10	5.25	5.32	7.80	8.14	8.05	7.82
			合计		50.82	48.37	47.39	46.46	46.05	177.60	112.83	91.23	79.29	87.40	82.68	86.21	86.88
15	洛阳市	1	新安县	段家沟	6.44	6.36	6.29	5.83	5.52	5.84	6.52	6.52	6.58	6.61	7.09	7.66	7.11
16		2	汝阳县	虎盘	3.85	2.71	2.62	2.71	2.99	8.08	7.41	6.34	5.42	7.77	7.68	7.76	7.75
17		3	宜阳县	玉马	23.90	23.80	22.70	21.00	20.30	35.00	30.20	29.30	27.10	31.30	31.70	32.20	32.80
18		4	洛宁县	寺河	4.07	4.06	4.03	3.40	3.19	4.94	4.85	4.90	4.77	5.26	4.83	5.17	5.20
19		5		大沟口	7.30	7.06	7.02	6.92	6.29	7.27	7.43	7.09	7.33	7.79	7.74	7.74	7.72
20		6	伊川县	刘瑶	5.39	4.42	4.41	4.31	4.34	8.20	6.97	6.97	7.08	6.94	6.82	7.02	7.10
21		7		范店	2.51	2.50	2.50	2.48	2.50	2.66	2.82	2.79	2.77	3.18	2.78	3.66	4.56
22		8	偃师市	九龙角	0	0	0	0	0	4.55	5.66	5.63	5.55	6.27	6.21	6.26	6.22
23		9		陶花店	0.16	0.16	0.16	0.16	0.16	0.79	1.80	1.63	1.51	3.20	4.65	4.97	4.84
			合计		53.62	51.07	49.73	46.81	45.29	77.33	73.66	71.17	68.11	78.32	79.50	82.44	83.30

续附表 8

单位：百万 m³

总序号	序号	市	县市	水库名	蓄水量												
					6月			7月			8月			9月		10月	
					1日	11日	21日	1日	11日	21日	1日	11日	21日	1日	21日	1日	21日
24	1	平顶山市	宝丰县	龙兴寺	4.87	4.83	4.81	4.76	4.70	11.05	16.05	16.36	16.48	22.19	22.19	22.22	22.22
25	2		鲁山县	河陈	4.31	4.31	4.29	4.21	4.02	5.67	4.65	4.79	4.81	5.47	4.74	5.12	5.15
26	3			米湾	3.46	3.41	3.43	3.40	3.37	5.28	6.01	5.95	6.00	6.60	6.59	6.60	6.69
27	4		郏县	遵河	14.23	13.98	14.17	14.13	13.94	20.45	24.20	20.73	18.39	26.89	25.65	26.59	26.59
28	5			老虎洞	0.31	0.30	0.29	0.28	0.27	0.46	0.48	0.44	0.41	0.76	0.98	1.00	1.11
29	6		舞钢市	田岗	9.56	10.41	10.62	9.85	9.66	9.67	9.89	9.63	9.74	9.59	9.96	10.31	11.39
30	7		汝州市	涧山口	3.93	3.25	2.62	1.95	5.14	5.48	5.87	5.34	5.05	6.16	5.60	5.48	6.02
31	8			马庙	2.35	2.32	2.31	2.25	2.18	6.95	9.77	9.71	9.73	9.84	9.78	9.78	9.85
32	9			安沟	0.25	0.24	0.22	0.20	0.17	7.72	7.12	7.12	6.81	7.28	7.09	7.08	7.18
				合计	43.28	43.05	42.75	41.01	43.45	72.72	84.03	80.07	77.42	94.78	92.57	94.18	96.21
33	1	安阳市	安阳县	彰武	22.61	20.77	20.32	20.50	19.78	19.41	21.42	23.90	20.05	24.01	28.27	27.89	28.40
34	2			双泉	2.21	2.20	2.20	2.17	2.33	3.09	2.80	3.33	3.07	3.39	3.04	2.97	2.99
35	3		汤阴县	汤河	14.20	14.00	11.40	9.20	8.80	10.70	22.04	20.09	18.29	19.91	21.82	21.55	19.86
36	4			琵琶寺	0.34	0.33	0.33	0.33	0.33	0.61	3.21	2.87	2.97	3.25	4.28	6.67	11.78
37	5		林州市	弓上	5.07	4.87	4.88	4.73	4.71	17.17	16.10	15.97	15.94	16.21	16.03	16.25	16.19
38	6			石门	0.47	0.46	0.45	0.44	0.43	1.90	9.01	8.97	8.95	9.00	8.97	9.01	8.99
39	7			南谷洞	19.09	18.57	18.12	17.62	17.20	41.26	39.06	38.85	38.85	39.17	38.85	39.37	39.09
				合计	63.99	61.20	57.70	54.99	53.58	94.14	113.64	113.98	108.12	114.94	121.26	123.71	127.30
40	1	鹤壁市	淇县	夺丰	2.12	2.14	2.13	2.01	1.86	4.26	7.36	7.27	6.84	7.21	7.29	7.36	7.35
				合计	2.12	2.14	2.13	2.01	1.86	4.26	7.36	7.27	6.84	7.21	7.29	7.36	7.35
41	1	新乡市	卫辉市	狮豹头	1.12	1.12	1.13	1.19	1.24	3.68	10.27	10.21	10.14	10.21	10.14	10.27	10.21
42	2			正面	1.26	1.23	1.21	1.19	1.15	4.84	11.44	11.39	10.04	11.01	11.43	11.49	11.45
43	3			塔岗	3.78	3.84	3.92	3.91	3.94	7.77	9.74	9.65	9.62	9.68	9.65	9.79	9.70
44	4		辉县市	宝泉	37.03	30.98	32.32	29.95	29.03	52.56	50.11	49.47	49.17	50.04	48.40	49.81	50.29
45	5			石门	7.93	7.72	7.77	7.19	6.06	23.54	20.65	17.76	14.44	18.32	22.01	22.77	23.04
46	6			陈家院	3.59	3.74	3.87	3.98	3.31	11.19	11.08	10.84	10.86	11.10	11.08	11.10	11.09
47	7			三郊口	4.73	4.77	4.86	4.93	6.02	21.56	20.49	19.81	16.36	16.90	20.48	20.63	20.59
				合计	59.44	53.40	55.08	52.33	50.75	125.14	133.78	129.13	120.63	127.26	133.19	135.86	136.37

续附表 8

蓄水量

总序号	序号	市	县市	水库名	6月 1日	6月 11日	6月 21日	7月 1日	7月 11日	7月 21日	8月 1日	8月 11日	8月 21日	9月 1日	9月 11日	9月 21日	10月 1日
48	1	焦作市	修武县	群英	8.26	8.26	10.35	10.36	10.36			11.24	11.14	13.13	13.03	13.16	13.12
49	2		博爱县	马鞍石	3.87	3.77	3.73	3.67	3.54	6.99	6.16	6.02	5.99	7.36	8.22	7.52	7.73
50	3		青天河	青天河	15.34	13.50	12.77	12.70	12.68	13.03	11.28	11.37	11.10	12.71	11.15	12.06	11.67
51	4		孟州市	顺涧	3.97	3.33	2.96	2.49	2.47	3.63	3.87	4.13	5.05	7.26	7.48	7.71	7.92
52	5			白墙	3.80	3.05	3.03	2.98	3.28	9.00	3.40	3.30	3.15	6.40	5.57	8.38	5.72
			合计		35.24	31.91	32.84	32.20	32.33	32.65	24.71	36.06	36.43	46.86	45.45	48.83	46.16
53	1	许昌市	禹州市	纸坊	1.85	1.85	1.85	1.85	1.85	9.85	12.38	11.96	11.68	15.46	16.03	16.05	16.25
54	2		长葛市	佛耳岗	12.43	12.84	11.69	12.57	12.02	22.89	4.34	0.40	0.40	11.70	10.78	9.54	12.11
			合计		14.28	14.69	13.54	14.42	13.87	32.74	16.72	12.36	12.08	27.16	26.81	25.59	28.36
55	1	三门峡市	陕州区	涧里	9.38	9.26	9.16	8.81	7.63	8.00	8.49	8.53	8.66	9.74	9.55	9.58	9.55
56	2			龙脖	18.80	18.50	17.20	16.00	15.99	16.18	18.20	18.50	18.40	24.00	19.40	26.80	25.10
57	3		灵宝市	沟水坡	4.80	4.52	4.50	4.39	4.20	4.63	4.59	4.43	4.73	5.17	5.78	6.94	7.51
			合计		32.98	32.28	30.86	29.20	27.82	28.81	31.28	31.46	31.79	38.91	34.73	43.32	42.16
58	1	南阳市	南阳市	冢岗庙	14.34	13.43	13.13	12.86	12.83	16.60	13.88	14.65	14.90	15.72	14.87	14.71	14.74
59	2			龙王沟	19.81	19.64	19.81	19.21	19.04	21.55	20.72	21.67	21.55	22.15	21.61	22.09	20.95
60	3			打磨石岩	13.98	13.64	14.68	14.54	14.29	14.93	13.95	13.59	13.31	14.58	14.45	14.85	13.76
61	4			兰营	4.56	4.47	4.66	4.51	4.04	3.64	3.95	3.98	4.06	5.11	4.68	4.45	5.19
62	5			辛庄	3.99	3.92	4.16	4.06	3.93	5.45	3.99	4.09	4.10	4.99	4.16	5.13	4.66
63	6		南召县	廖庄	5.29	4.68	5.31	5.32	5.05	6.00	5.14	4.98	4.93	4.93	5.42	5.47	5.42
64	7			彭李坑	15.20	15.09	16.52	15.98	15.80	19.39	15.33	15.95	16.13	17.26	16.50	17.20	15.95
65	8		方城县	望花亭	12.66	12.22	12.58	12.38	12.18	12.42	13.11	12.91	12.87	15.99	17.16	17.26	17.36
66	9		西峡县	石门	29.90	29.10	31.50	28.70	25.40	39.10	29.80	29.70	32.10	50.20	52.40	52.70	51.60
67	10			重阳	11.77	11.74	11.80	11.80	11.79	12.98	14.70	14.76	14.89	20.22	20.30	21.42	21.32
68	11			七峪水库	3.53	3.53	3.45	3.45	3.45	3.53	3.37	3.37	3.45	4.41	3.69	4.03	3.77
69	12		镇平县	陡坡	20.10	19.93	21.11	21.11	21.07	23.09	22.12	21.99	21.90	23.26	21.68	22.56	21.42
70	13			高丘	5.79	5.73	5.51	5.47	5.41	6.80	5.88	6.02	5.81	6.36	5.79	5.81	5.81

续附表 8

蓄水量

| 总序号 | 序号 | 市 | 县市 | 水库名 | 6月 | | | 7月 | | | 8月 | | | 9月 | | | 10月 |
					1日	11日	21日	1日	11日	21日	1日	11日	21日	1日	11日	21日	1日
71	14	南阳市	内乡县	斩龙岗	5.60	5.35	5.44	5.47	5.38	5.31	5.04	5.13	5.21	5.56	5.54	5.44	5.81
72	15			打磨岗	10.17	9.43	9.53	9.38	9.79	11.23	10.25	9.88	10.10	14.65	14.65	13.15	13.16
73	16			泰山庙	8.41	8.24	8.32	8.30	8.30	8.17	8.30	8.32	8.39	10.82	11.76	12.01	10.61
74	17		唐河县	虎山	6.30	5.73	5.60	5.60	5.60	5.65	5.54	5.65	5.62	5.62	5.67	5.63	5.65
75	18			倪河	5.33	5.21	5.22	5.24	5.25	5.41	5.77	5.83	6.13	6.05	5.99	6.13	5.80
76	19			山头	5.46	5.34	5.12	5.12	5.16	5.48	5.64	5.64	5.81	6.72	6.96	7.11	7.11
77	20			赵庄	6.02	6.01	6.01	5.93	6.19	7.30	8.33	8.46	8.67	10.31	13.63	13.76	13.88
78	21		桐柏县	二郎山	16.50	16.13	15.92	15.25	15.04	15.60	15.69	15.57	15.83	21.66	24.56	24.14	24.14
79	22		邓州市	刘山	5.94	5.89	5.89	5.89	5.93	6.16	6.08	5.83	5.32	5.87	5.76	5.85	5.79
			合计		230.65	224.45	231.27	225.57	220.92	255.79	236.58	237.97	241.08	292.44	297.23	300.90	293.90
80	1	商丘市	民权县	吴屯	10.39	11.82	11.54	13.57	16.84	14.20	13.89	13.99	14.20	15.70	16.00	14.90	18.50
81	2			林七	1.58	1.54	3.17	3.95	12.96	10.58	12.48	6.60	3.51	7.50	12.72	11.88	25.00
82	3		虞城县	郑阁	4.19	3.75	3.48	5.32	5.26	3.75	3.42	2.93	2.66	2.71	2.93	2.48	2.44
83	4			王安庄	0.20	0.20	0.20	0.20	0.20	0.20	0.20	0.20	0.20	0.20	0.56	0.56	3.10
84	5			石庄	0.15	0.10	0.10	0.10	0.05	0.05	0	0.25	0.26	0.30	0.37	0.37	3.40
			合计		16.51	17.41	18.49	23.14	35.31	28.78	29.99	23.97	20.83	26.41	32.58	30.19	52.44
85	1	信阳市	平桥区	尖山	0.47	0.21	0.21	0.21	0.27	1.17	1.61	1.61	1.61	2.32	2.37	2.37	2.40
86	2			老鸹河	20.46	19.03	17.00	16.17	16.90	22.30	20.66	19.50	19.55	21.20	20.84	20.56	20.56
87	3			王堂	6.57	6.37	6.13	5.74	5.81	7.10	7.70	7.42	7.94	9.25	9.50	9.58	9.58
88	4			红石嘴	1.95	1.80	1.74	1.76	1.85	3.26	4.20	4.21	4.71	6.16	6.27	6.12	6.00
89	5		罗山县	洪山	7.74	7.44	7.29	7.29	7.33	8.53	8.02	7.78	8.05	8.11	8.11	8.16	8.16
90	6			顾岗	8.06	7.93	7.98	8.07	8.42	7.23	8.12	8.28	8.81	8.03	8.18	8.26	8.22
91	7			小龙山	12.97	13.73	11.83	5.45	8.79	9.89	12.97	10.48	11.60	10.97	12.87	13.27	14.44
92	8		光山县	龙山	15.13	16.83	19.02	18.36	17.03	16.96	16.83	15.03	18.56	16.70	17.35	18.16	18.43
93	9		新县	香山	64.46	64.10	64.79	66.49	68.90	67.01	67.67	65.50	68.66	67.94	65.63	63.08	60.12
94	10			长洲河	12.12	10.17	10.23	13.07	15.97	16.65	16.73	15.89	16.06	16.07	14.98	13.75	12.10

续附表 8

总序号	序号	市	县市	水库名	蓄水量												
					6月			7月			8月			9月			10月
					1日	11日	21日	1日	11日	21日	1日	11日	21日	1日	11日	21日	1日
95	11	信阳市	商城县	大石桥	8.65	8.60	8.75	8.60	8.27	8.26	8.26	8.29	8.41	8.44	8.43	8.42	8.39
96	12		潢川县	铁佛寺	17.96	17.87	20.25	20.65	20.37	21.07	20.35	19.25	22.81	20.85	19.76	19.85	19.90
97	13			老龙埂	5.34	5.05	4.97	5.01	4.72	5.32	4.43	4.42	4.70	5.12	5.23	5.19	5.03
98	14			邬桥	7.29	6.59	6.39	6.15	7.11	7.20	6.88	6.79	6.91	6.76	6.94	6.94	6.88
99	15		淮滨县	兔子湖	9.36	8.44	8.48	8.56	9.88	10.12	9.68	9.44	9.80	9.84	9.60	9.56	9.48
				合计	198.53	194.16	195.06	191.58	201.62	212.07	214.11	203.89	218.18	217.76	216.06	213.27	209.69
100	1	驻马店市	驿城区	老河	5.43	5.32	6.69	6.49	6.66	6.22	6.24	6.12	6.64	6.24	6.37	6.32	6.60
101	2		西平县	潭山	6.03	5.90	6.28	6.27	6.22	7.13	6.42	5.89	5.84	6.14	6.69	6.66	6.62
102	3		确山县	竹沟	5.24	5.21	4.85	5.05	5.05	5.11	4.72	4.73	4.98	4.92	4.94	4.91	4.94
103	4			火石山	4.38	4.14	4.54	4.20	4.16	4.71	4.57	4.34	4.68	4.70	4.60	4.62	4.71
104	5			霍庄	5.24	5.21	5.27	5.33	5.37	5.28	5.15	5.15	5.30	5.39	5.43	5.21	5.22
105	6		泌阳县	华山	22.18	21.74	24.71	22.93	21.21	21.89	22.48	21.84	22.33	24.93	22.03	22.18	23.50
106	7			三山	5.04	4.95	5.33	5.33	5.33	5.36	5.52	5.47	5.74	5.28	5.36	5.42	5.47
107	8			石门	8.35	8.03	9.01	8.77	8.61	8.82	8.99	8.58	9.09	10.01	9.07	9.09	9.47
108	9		遂平县	下宋	9.78	9.48	9.51	9.59	9.14	11.50	9.23	9.09	9.13	9.47	9.47	9.48	9.47
				合计	71.67	69.98	76.19	73.96	71.75	76.02	73.32	71.21	73.73	77.08	73.96	73.89	76.00
				省合计	873.01	841.97	850.90	833.66	842.74	1 213.79	1 164.64	1 102.50	1 087.68	1 237.32	1 236.02	1 258.39	1 285.76

附表 9　2021 年汛期中型水库特征值统计表

序号	县(市)	水库名	最大最高特征值					超汛限水位/m	最小最低特征值			死水位/m	死库容/百万 m³	库水位比较	
			年-月-日 T 时	水位/m	蓄水量/百万 m³	入库流量/(m³/s)	出库流量/(m³/s)		年-月-日 T 时	水位/m	蓄水量/百万 m³			距死水位/m	距死库容/百万 m³
1	郑州市	尖岗	2021-07-21T06	153.63	45.17	1 090	67.20	3.08	2021-07-18T06	145.05	17.70	134.55	2.00		
2	巩义市	常庄	2021-07-20T19	131.31	10.97	905.00	525.00	3.82	2021-08-28T20	119.33	0.62	119.04	0.50		
3		坞罗	2021-07-20T21	256.67	9.72		14.00	6.67	2021-06-29T08	243.58	0.93	242.50	0.58		
4		唐岗	2021-07-21T09	118.76	7.49		84.00	1.76	2021-08-22T08	115.49	2.50	112.50	1.00		
5	荥阳市	楚楼	2021-07-24T02	150.08	9.90		48.63	3.58	2021-07-20T14	138.10	0	138.00	0.75		0.75
6		丁店	2021-07-21T12	178.81	33.03	2 940.00	6.80		2021-08-28T20	161.56	0	160.45	0.50		0.50
7		河王	2021-07-20T21	125.84	14.30		89.10	1.94	2021-09-13T08	122.30	8.06	118.00	3.00		
8	新密市	李湾	2021-07-21T08	328.40	16.32		3.10	0.90	2021-07-20T08	313.10	0	309.00	8.70		8.70
9		后胡	2021-07-21T08	155.00	7.60		1.00		2021-06-02T08	143.70	0.70	144.60	0.92	0.90	0.22
10	新郑市	老观寨	2021-07-21T16	152.81	3.65		4.00	2.81	2021-06-02T08	143.22	0.43	143.24	0.42	0.02	
11		五星	2021-07-21T04	218.94	4.97		1.50	2.94	2021-08-05T08	207.00	0.70	207.00	0.70		
12	登封市	少林	2021-07-20T15	533.81	8.16		5.00	5.26	2021-07-18T08	518.10	1.42	513.49	0.56		
13		券门	2021-07-21T14	348.06	7.68		4.00	1.31	2021-07-07T08	337.11	1.64	335.70	1.28		
14		纸坊	2021-07-20T12	451.80	12.30		5.00	3.80	2021-07-15T08	438.00	1.57	433.00	0.30		
15	新安县	段家沟	2021-09-20T08	375.74	7.73				2021-07-11T08	371.82	5.52	351.70	0.61		
16	汝阳县	虎盘	2021-09-01T17	612.90	8.11		0.81		2021-06-13T08	598.09	2.54	595.60	1.76		
17		玉马	2021-07-24T10	444.99	38.10		80.00	2.99	2021-07-18T08	435.02	19.80	419.50	3.91		
18	宜阳县	寺河	2021-09-19T08	402.07	5.55		26.30	0.82	2021-07-11T08	396.77	3.19	382.30	0.30		
19	洛宁县	大沟口	2021-09-19T12	597.69	7.98		56.50	0.73	2021-07-19T08	591.82	5.85	571.66	1.13		
20		刘窑	2021-07-21T00	343.68	9.42		30.00	1.68	2021-06-30T08	339.16	4.31	334.00	1.10		
21	伊川县	范店	2021-10-01T08	326.90	4.56		0.40		2021-07-06T08	323.32	2.47	318.34	0.93		

续附表 9

序号	县(市)	水库名	最大最高特征值						最小最低特征值					库水位比较	
			年-月-日 T 时	水位/m	蓄水量/百万 m³	入库流量/(m³/s)	出库流量/(m³/s)	超汛限水位/m	年-月-日 T 时	水位/m	蓄水量/百万 m³	死水位/m	死库容/百万 m³	距死水位/m	距死库容/百万 m³
22	偃师市	九龙角	2021-08-30T15	323.73	6.43		12.00	0.73	2021-06-08T08	303.84	0	301.50	0		
23		陶花店	2021-09-28T20	132.63	5.26		20.00	0.63	2021-06-02T08	125.00	0.16	126.00	0.36	1.00	0.20
24	宝丰县	龙兴寺	2021-09-02T02	282.10	23.35		9.00	0.10	2021-07-18T08	266.94	4.67	261.00	1.80		
25		河陈	2021-07-21T20	179.75	6.09		18.00	0.75	2021-07-16T08	177.85	3.99	171.00	0.22		
26	鲁山县	米湾	2021-08-30T20	201.08	6.79		3.00	0.08	2021-07-16T08	197.45	3.35	192.30	0.30		
27		澎河	2021-09-25T03	152.00	47.78	2400.00	1620.00		2021-07-13T08	143.55	13.89	132.90	0		
28	郏县	老虎洞	2021-09-30T08	237.73	1.11				2021-07-18T08	234.62	0.27	233.00	0.19		
29	舞钢市	田岗	2021-09-28T10	86.22	12.13	216.00	150.00		2021-07-22T16	85.45	9.31	84.35	6.30		
30		洞山口	2021-09-19T14	272.89	6.55		50.30		2021-07-01T08	269.70	1.95	263.70	0.03		
31	汝州市	马庙	2021-09-25T14	328.19	9.94	60.80	8.20	0.87	2021-07-17T08	315.90	2.17	316.60	2.37	0.70	0.20
32		安沟	2021-07-21T06	270.87	7.83		53.90	1.43	2021-07-18T08	256.40	0.15	256.00	0.77		0.62
33	安阳县	彰武	2021-07-22T22	128.43	29.67	40.50	850.00	3.00	2021-07-21T14	125.46	18.64	118.00	3.30		
34		双泉	2021-07-22T12	217.00	6.10	396.00	349.00	2.82	2021-07-07T08	211.72	2.13	207.00	0.50		
35	汤阴县	汤河	2021-07-22T10	117.02	33.90	988.00	552.00	5.85	2021-07-11T08	109.69	8.80	100.00	0.37		
36		琵琶寺	2021-07-22T13	121.85	33.00	338.00	52.00	1.70	2021-06-03T08	110.00	0.33	110.50	0.45	0.50	0.12
37	林州市	弓上	2021-07-19T12	499.70	18.05	495.00	442.00	0.95	2021-07-03T08	486.67	4.69	478.50	0.20		
38		石门	2021-07-22T08	382.95	9.43	144.00	1570.00	3.29	2021-08-26T08	82.00	0.43	347.00	0.51	265.00	0.08
39		南谷洞	2021-07-22T03	523.29	43.34	590.00	459.00		2021-07-11T08	504.41	17.20	493.44	7.60		
40	淇县	夺丰	2021-07-21T19	194.95	7.99		18.00	1.25	2021-07-11T08	179.45	1.86	168.00	0.14		

续附表 9

序号	县(市)	水库名	最大最高特征值					超汛限水位/m	最小最低特征值			死水位/m	死库容/百万 m³	库水位比较	
			年-月-日 T时	水位/m	蓄水量/百万 m³	入库流量/(m³/s)	出库流量/(m³/s)		年-月-日 T时	水位/m	蓄水量/百万 m³			距死水位/m	距死库容/百万 m³
41	卫辉市	狮豹头	2021-07-22T08	307.36	13.59		1 240.00	4.86	2021-06-12T08	280.47	1.07	272.00	0.18		
42		正面	2021-07-22T07	396.93	12.71		678.00	1.93	2021-07-11T08	368.28	1.09	359.00	0.10		
43		塔岗	2021-07-22T09	180.90	13.47		1 730.00	3.90	2021-06-02T08	168.52	3.79	151.39	0.18		
44	辉县市	宝泉	2021-07-21T14	259.96	53.46	568.00	517.00	2.46	2021-07-10T08	240.59	29.01	196.50	3.50		
45		石门	2021-07-21T13	306.63	26.33	1 510.00	1 590.00	5.43	2021-07-11T08	277.06	6.06	251.50	0.67		
46		陈家院	2021-07-22T02	778.75	11.21		101.00	0.35	2021-08-15T08	717.89	3.29	719.50	0.12	1.61	
47		三郊口	2021-07-21T13	641.47	21.78		252.80	7.50	2021-06-02T08	614.15	4.74	595.00	0.55		
48	修武县	群英	2021-07-21T05	478.52	13.57	148.00	139.00	5.52	2021-06-02T08	464.95	8.26	425.00	0.53		
49		马鞍石	2021-09-19T08	157.64	8.67	333.00	298.80	0.54	2021-07-11T08	144.57	3.54	120.00	0.20		
50	博爱县	青天河	2021-06-02T08	356.31	15.25	187.00	173.00		2021-08-14T08	350.38	11.09	305.00	0.43		
51	孟州市	顺涧	2021-09-27T08	150.68	7.92		1.00	0.18	2021-07-16T08	144.56	2.36	142.00	1.00		
52		白墙	2021-07-21T14	126.41	9.96	326.00	180.00	1.71	2021-08-22T08	124.23	2.26	123.70	1.24		
53	禹州市	纸坊	2021-09-25T20	246.45	16.61		10.00	0.95	2021-06-02T08	231.89	1.85	230.00	1.30		
54	长葛市	佛耳岗	2021-07-21T08	95.83	22.89	1 530.00	1 440.00	2.53	2021-08-06T08	88.00	0.40	90.16	2.75	2.16	2.35
55	陕州区	涧里	2021-09-01T09	781.08	9.75	51.80	51.50	0.28	2021-07-11T08	777.62	7.63	759.00	0.95		
56		龙脖	2021-09-20T02	462.16	27.40		30.00	6.16	2021-07-03T08	453.20	15.90	442.87	4.02		
57	灵宝市	沟水坡	2021-09-30T08	429.64	7.65	15.80	4.43	0.64	2021-07-10T08	423.50	4.18	418.50	2.23		
58		冢岗庙	2021-07-21T00	159.23	18.15		82.70	0.93	2021-06-23T08	157.44	12.32	151.30	1.62		
59		龙王沟	2021-08-30T10	158.71	24.67	·	37.30	0.49	2021-07-15T08	157.76	18.98	151.12	1.70		
60	南阳市	打磨石岩	2021-09-24T14	196.49	15.82		31.00	0.39	2021-08-22T08	195.60	13.28	188.00	1.25		
61		兰营	2021-09-24T20	144.61	5.74		9.25	0.16	2021-07-19T08	143.33	3.41	138.50	0.20		

续附表 9

序号	县(市)	水库名	最大最高特征值						最小最低特征值			死水位/m	死库容/百万 m³	库水位比较	
			年-月-日 T时	水位/m	蓄水量/百万 m³	入库流量/(m³/s)	出库流量/(m³/s)	超汛限水位/m	年-月-日 T时	水位/m	蓄水量/百万 m³			距死水位/m	距死库容/百万 m³
62	南召县	辛庄	2021-09-25T01	234.72	10.63		667.00	3.72	2021-07-26T08	229.25	3.61	223.00	0.56		
63		廖庄	2021-07-20T08	224.02	6.42		336.00	1.02	2021-06-12T08	221.82	4.62	213.00	0.78		
64		彭李坑	2021-09-24T14	192.75	20.29		76.00	1.08	2021-06-11T08	190.95	15.09	185.10	2.10		
65	方城县	望花亭	2021-09-25T08	151.31	18.19		2.00	0.01	2021-07-13T08	149.97	12.10	146.50	0.72		
66		石门	2021-09-19T12	291.81	66.20		2 370.00	3.81	2021-07-12T08	277.65	24.20	273.80	18.00		
67	西峡县	重阳	2021-09-02T04	373.80	21.80		40.00	1.20	2021-06-11T08	367.24	11.70	354.00	1.60		
68		七峪	2021-08-30T08	251.40	4.95		12.80	0.40	2021-07-24T08	249.60	3.28	244.12	0.53		
69		陡坡	2021-07-23T06	196.39	26.19		10.00	0.89	2021-06-12T08	194.94	19.90	187.00	3.00		
70	镇平县	高丘	2021-09-25T06	234.80	7.05	20.00	6.00	0.49	2021-07-09T08	234.01	5.39	230.50	1.24		
71		斩龙岗	2021-09-30T08	205.20	5.81		0.46		2021-08-04T08	204.43	4.97	197.80	0.76		
72	内乡县	打磨岗	2021-09-07T06	254.31	15.10		4.00	1.11	2021-07-05T08	249.33	9.28	235.28	1.10		
73		泰山庙	2021-09-24T08	208.93	12.47		7.00	0.13	2021-07-20T08	206.74	8.08	199.00	1.03		
74		虎山	2021-07-17T14	131.44	10.80		25.00	2.44	2021-06-25T08	128.89	5.53	128.50	5.00		
75	唐河县	倪河	2021-08-23T00	132.20	7.06		14.00	0.40	2021-06-13T08	131.17	5.19	125.10	0.38		
76		山头	2021-09-20T08	170.56	7.11				2021-06-16T08	168.47	5.12	158.72	0.63		
77	桐柏县	赵庄	2021-09-26T08	158.42	13.88				2021-06-28T08	153.57	5.93	146.50	0.72		
78		二郎山	2021-09-02T22	201.61	26.38		3.50	0.61	2021-07-05T08	197.89	14.91	189.10	1.30		
79	邓州市	刘山	2021-07-23T04	167.74	7.11	2.64	13.70	0.34	2021-08-16T02	166.77	5.29	160.05	0.15		
80		吴屯	2021-07-06T08	61.85	19.05				2021-07-23T08	60.36	10.04	60.20	3.10		
81	民权县	林七	2021-09-30T08	63.48	25.00				2021-06-15T08	61.17	1.11	61.70	3.00	0.53	1.89
82		郑阁	2021-07-05T08	58.76	5.57				2021-09-24T08	58.16	2.35	56.85	0		

续附表 9

序号	县（市）	水库名	最大最高特征值						最小最低特征值					库水位比较	
			年-月-日 T 时	水位/m	蓄水量/百万 m³	入库流量/（m³/s）	出库流量/（m³/s）	超汛限水位/m	年-月-日 T 时	水位/m	蓄水量/百万 m³	死水位/m	死库容/百万 m³	距死水位/m	距死库容/百万 m³
83	虞城县	王安庄	2021-09-29T08	49.45	3.10				2021-06-02T08	48.10	0.20	48.00	0.17		
84		石庄	2021-09-27T08	52.60	3.40				2021-07-24T08	51.04	0	51.00	0.10		0.10
85		尖山	2021-09-29T08	148.29	2.40				2021-06-10T08	141.10	0.21	141.00	0.20		
86		老鸹河	2021-07-22T08	105.10	22.59		16.00		2021-06-26T08	103.80	16.03	100.00	4.78		
87	平桥区	王堂	2021-09-21T08	98.73	9.58		0.60		2021-07-05T08	96.89	5.70	94.80	2.80		
88		红石嘴	2021-09-08T08	125.40	6.30				2021-07-05T08	121.09	1.71	120.00	1.20		
89		洪山	2021-07-22T16	79.47	8.80		2.46		2021-06-25T08	78.47	7.26	75.00	3.45		
90		顾岗	2021-07-16T16	99.91	9.12		20.00	0.21	2021-07-20T16	98.70	7.20	92.00	2.50		
91	罗山县	小龙山	2021-08-24T10	54.25	14.80		80.00	0.25	2021-06-29T16	50.00	5.45	49.80	5.18		
92	光山县	龙山	2021-07-17T10	53.73	20.21		1 000.00	0.23	2021-09-17T08	52.88	14.78	47.00	0.02		
93	新县	香山	2021-07-13T09	163.50	70.39		119.00	0.70	2021-10-01T08	160.40	60.12	143.00	21.27		
94		长洲河	2021-07-28T18	156.94	17.41		153.00	0.44	2021-06-16T08	149.82	9.25	140.97	3.33		
95	商城县	大石桥	2021-06-18T08	122.19	8.87				2021-07-26T08	121.46	8.19	108.00	0.60		
96		铁佛寺	2021-08-22T07	103.56	23.08		35.00		2021-06-08T08	101.67	17.81	89.00	1.00		
97	潢川县	老龙埂	2021-08-26T08	50.67	6.14			0.36	2021-07-27T08	49.82	4.32	46.00	0.81		
98		邬桥	2021-08-24T12	48.47	8.09		10.00		2021-06-25T08	47.76	6.07	44.00	0.38		
99	淮滨县	兔子湖	2021-07-18T08	31.96	11.04		11.70		2021-09-05T20	3.61	8.32	28.10	0.70	24.49	
100	驿城区	老河	2021-06-15T06	118.32	9.45		55.00		2021-06-12T08	116.13	5.30	112.74	1.90		
101	西平县	潭山	2021-07-21T19	108.19	8.04		48.20	1.49	2021-08-20T08	105.63	5.80	95.90	0.76		
102	确山县	竹沟	2021-06-15T08	178.50	6.40		40.00		2021-06-16T18	176.80	4.60	170.50	0.60		

续附表 9

序号	县(市)	水库名	最大最高特征值						最小最低特征值					库水位比较	
			年-月-日 T时	水位/m	蓄水量/百万 m³	入库流量/(m³/s)	出库流量/(m³/s)	超汛限水位/m	年-月-日 T时	水位/m	蓄水量/百万 m³	死水位/m	死库容/百万 m³	距死水位/m	距死库容/百万 m³
103		火石山	2021-08-22T21	151.50	6.79		198.00	1.09	2021-07-15T08	149.91	3.98	145.80	0.60		
104	泌阳县	霍庄	2021-08-23T00	109.90	6.07		33.40	0.40	2021-08-27T08	109.09	5.07	100.38	0.17		
105		华山	2021-08-23T08	178.93	26.33		7.53	0.03	2021-07-15T08	177.94	21.11	172.50	4.00		
106		三山	2021-08-22T22	191.65	7.05		2.19	0.65	2021-06-12T08	190.51	4.93	183.80	0.23		
107		石门	2021-08-22T22	182.90	12.33		138.00	0.90	2021-06-12T20	181.37	7.98	175.20	0.70		
108	遂平县	下宋	2021-07-21T22	108.80	11.90		73.80	1.00	2021-08-20T08	107.16	8.86	100.00	1.90		

附表 10　"7·20"暴雨洪水蓄滞洪区运用情况统计表

序号	名称	所在河流	下达调令时间	实际启用时间	开始退水时间	滞洪历时	口门封堵时间	最高蓄洪量出现时间	设计水位/m	设计淹设面积/km²	设计蓄洪量/亿 m³	最高蓄量水位/m	最高蓄洪量/亿 m³
1	良相坡	淇河、卫河	7 月 22 日,豫防汛 16 号	22 日自然漫溢	7 月 23 日	16 d		7 月 24 日 12 时	67	74.52	0.92	67.00	0.92
2	共产主义渠西	共产主义渠、淇河	7 月 22 日,豫防汛 17 号	22 日自然漫溢	7 月 29 日	29 d		7 月 27 日 22 时	上片:63.5 下片:60.0	56.5	0.60	上片:63.9 下片:60.01	0.72
3	柳围坡	卫河	7 月 22 日,豫防汛 19 号	23 日	7 月 29 日	15 d	宋村下马营 8 月 6 日开始封堵,8 月 9 日完成	7 月 26 日 12 时	65.05	75.2	0.95	65.35	0.98
4	长虹渠	卫河	7 月 22 日,豫防汛 18 号	23 日	7 月 24 日		淇门 8 月 6 日开始封堵,8 月 9 日完成,曹湾退水口 8 月 15 日堵复	7 月 27 日 9 时	62.31	87	1.04	63.50	1.90
5	白寺坡	卫河	7 月 24 日,豫防汛 21 号	24 日	7 月 30 日	28 d	王湾 8 月 7 日完成堵复	7 月 30 日 12 时	60	101.5	1.78	60.56	2.27
6	小滩坡	卫河	7 月 28 日,豫防汛 24 号	30 日	8 月 1 日	21 d	圈里 8 月 6 日完成	8 月 4 日 20 时	57.3	95.4	0.74	57.30	0.74
7	广润坡	汤河	7 月 21 日,豫防汛 10 号	21 日 19 时自然漫溢	7 月 25 日	18 d	7 月 27 日溢流面封堵	7 月 25 日 14 时	一级:57.0 二级:56.0	一级:55.1 二级:80.1	2.48	一级:57.0 二级:53.38	0.86
8	崔家桥	洹河	7 月 21 日,豫防汛 11 号	22 日 0 时 30 分自然漫溢	7 月 22 日 20 时	4 d		7 月 24 日 12 时	65.75	74.54	0.61	65.30	0.34
合计											9.12		8.73

附　图

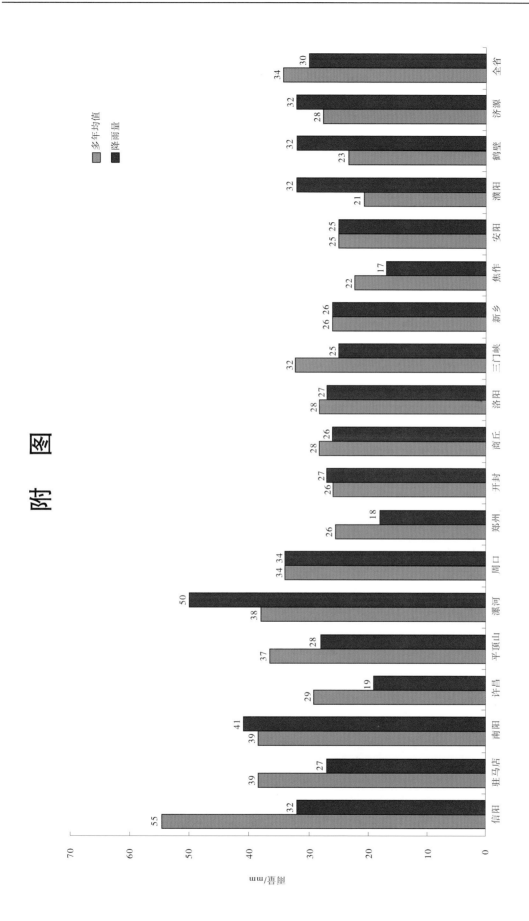

附图 1　2021 年 5 月 15~31 日降雨量与多年同期均值比较图

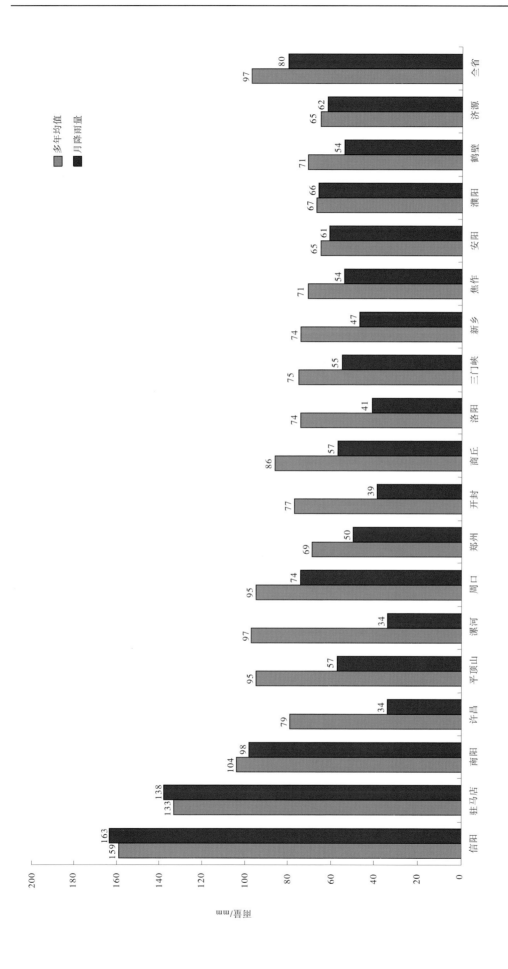

附图 2　2021 年 6 月降雨量与多年同期均值比较图

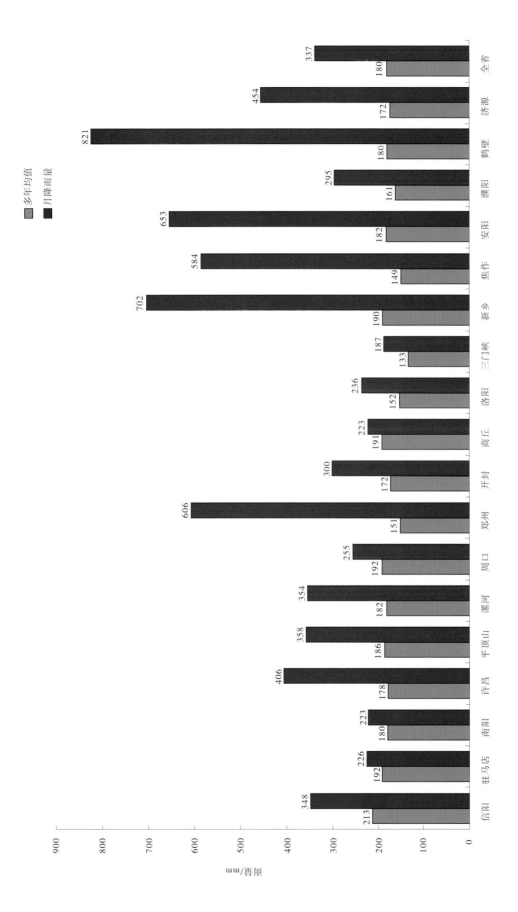

附图 3　2021 年 7 月降雨量与多年同期均值比较图

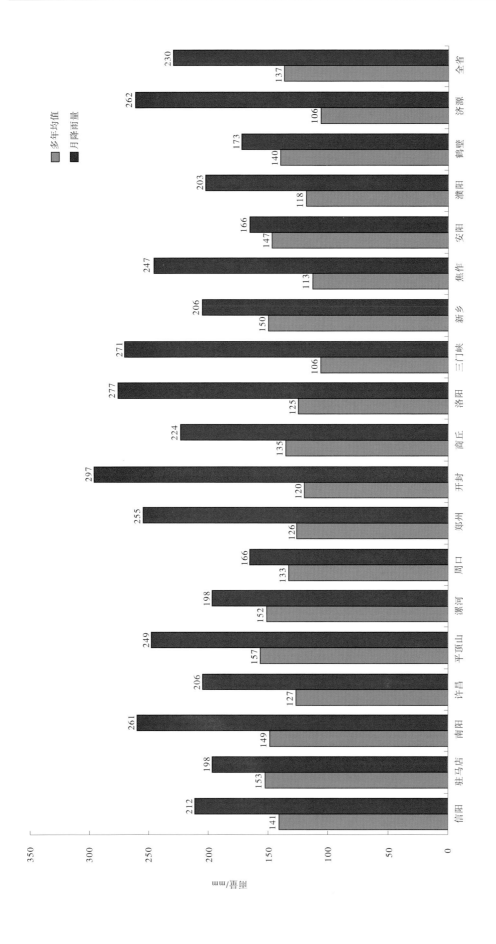

附图 4　2021 年 8 月降雨量与多年同期均值比较图

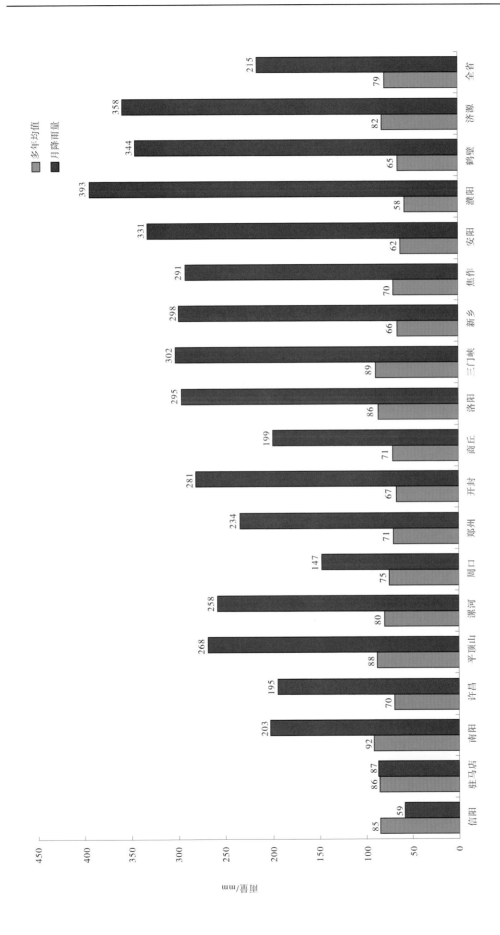

附图 5　2021 年 9 月降雨量与多年同期均值比较图

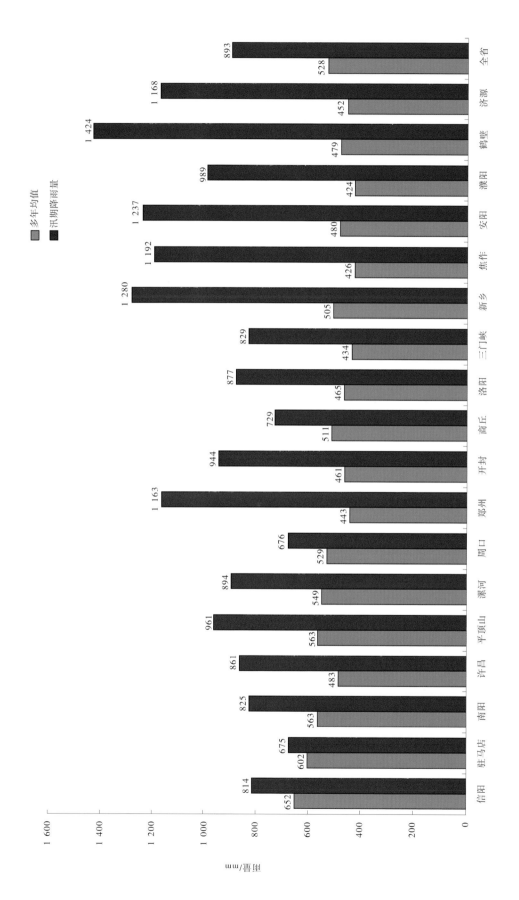

附图 6-1　2021 年汛期（5 月 15 日至 9 月 30 日）降雨量与多年同期均值比较图

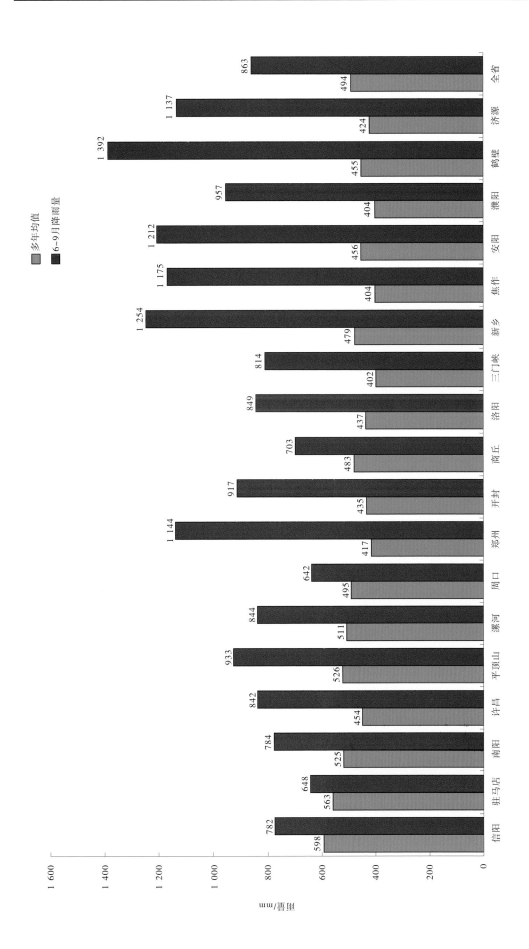

附图 6-2　2021 年汛期(6~9 月)降雨量与多年同期均值比较图

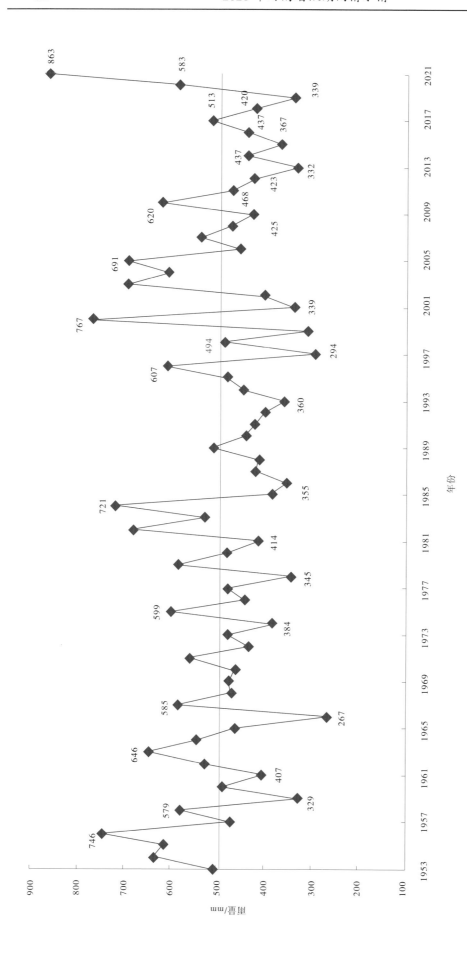

附图 7　河南省历年汛期雨量比较图

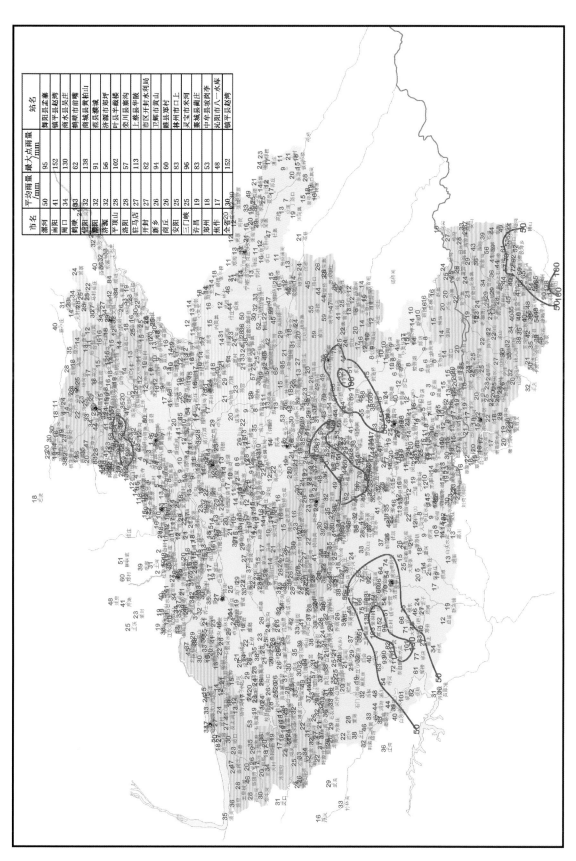

市名	平均雨量/mm	最大点雨量/mm	站名
漯河	50	95	舞阳县孟寨
南阳	41	152	镇平县赵湾
周口	34	130	南水县吴庄
鹤壁	33	62	鹤壁市前嘴
信阳	32	138	南城县黄柏山
濮阳	32	91	范县濮城
济源	32	56	济源市邵坪
平顶山	28	102	叶县半截楼
洛阳	28	57	栾川县秦街沟
驻马店	27	113	上蔡县华陂
开封	27	82	市区开封水利局
新乡	26	94	卫辉市黄山
商丘	26	60	睢县郑村
安阳	25	83	林州市口上
三门峡	25	96	灵宝市米河
许昌	19	83	襄城县茨庄
郑州	18	53	中牟县坡阳李
焦作	17	48	沁阳市八一水库
全省	30	152	镇平县赵湾

附图 8　2021 年 5 月 15 日 8 时至 6 月 1 日 8 时累积雨量图

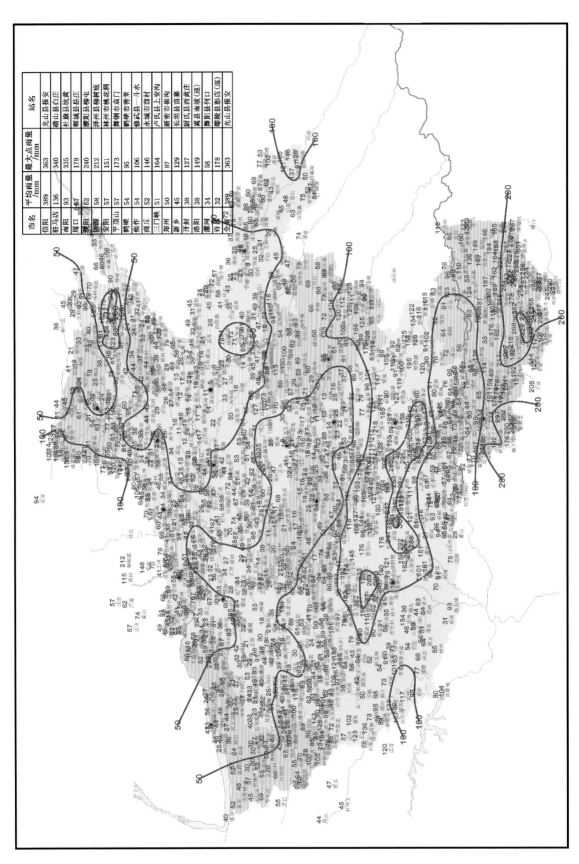

市名	平均雨量/mm	最大点雨量/mm	站名
信阳	389	363	光山县槐安
驻马店	136	340	确山县白庄
南阳	93	335	社旗县坑黄
周口	67	178	鹿城县后正庄
漯阳	62	240	溧阳县柳树屯
濮阳	58	212	泽州县桃花院
安阳	57	151	林州市桃花洞
平顶山	57	173	舞钢市哀门
鹤壁	54	95	鹤壁市普堂
焦作	54	106	修武县一斗水
商丘	52	146	永城市苗村
三门峡	51	164	卢氏县上安沟
郑州	50	87	新密市崔沟
新乡	45	129	长垣县苗襄
开封	38	127	尉氏县雨淹庄
洛阳	38	149	嵩县南坡(巡)
漯河	34	58	舞阳县何口
许昌	32	178	鄢陵县彭店(巡)
全省	72	363	光山县槐安

附图 9　2021 年 6 月累计雨量图

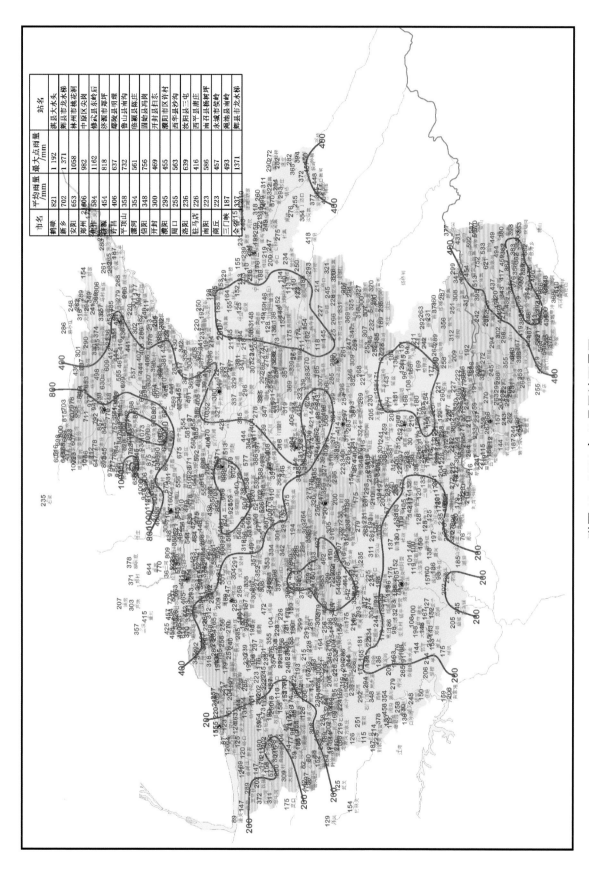

市名	平均雨量/mm	最大点雨量/mm	站名
鹤壁	821	1 192	淇县大水头
新乡	702	1 371	辉县市龙水梯
安阳	653	1058	林州市桃花洞
郑州	606	982	中原区尖岗
焦作	584	1 162	修武县东岭后
济源	454	818	济源市郑坪
开封	406	637	鄢陵县明理
平顶山	358	732	鲁山县甫沟
漯河	354	561	临颍县瓶庄
信阳	348	756	固始县冯岗
开封	300	469	开封县旧水
濮阳	295	455	濮阳市区许村
周口	255	563	商华县沙沟
洛阳	236	639	汝阳县三屯
驻马店	226	416	西平县蕾庄
南阳	223	586	南召县杨树坪
商丘	223	457	永城市侯岭
三门峡	187	493	渑池县甫岭
全省	337	1371	辉县市龙水梯

附图10　2021年7月累计雨量图

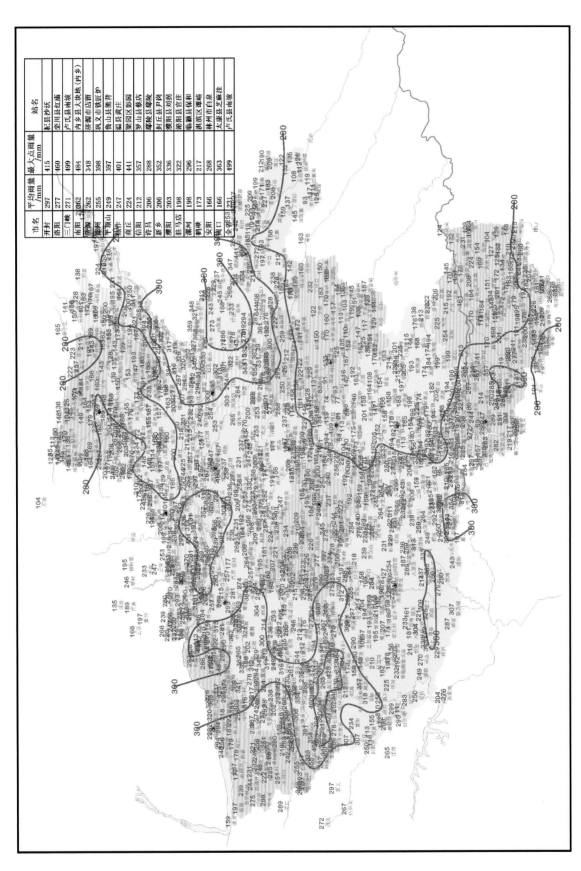

市名	平均雨量/mm	最大点雨量/mm	站名
开封	297	415	杞县沙沃
洛阳	277	460	栾川县红庙
三门峡	271	499	卢氏县南坡
南阳	262	484	内乡县大块地（内乡）
济源	262	348	济源市店留
郑州	255	398	巩义市镇匠炉
平顶山	249	397	鲁山县熊背
焦作	247	401	温县黄庄
商丘	224	441	梁园区彭园
信阳	212	357	罗山县彭店
许昌	206	288	襄城县郭陵
新乡	206	352	封丘县尹岗
濮阳	203	336	濮阳县刘焰
驻马店	198	322	泌阳县官庄
漯河	198	296	临颍县保和
鹤壁	173	217	淇滨区谭峪
安阳	166	268	林州市白泉
周口	166	363	太康县芝麻洼
全省	53	499	卢氏县南坡

市名	平均雨量 /mm	最大点雨量 /mm	站名
濮阳	393	463	濮阳县柳屯
济源	358	462	济源市水洪池
鹤壁	344	397	淇县大水头
安阳	331	530	林州市白泉
三门峡	331	456	卢氏县南坡
漯彬	298	405	巩义市清峪
洛阳	295	499	嵩县火神庙(漕县)
焦作	291	458	沁阳市云台村
开封	281	380	开封县张楼
平顶山	268	534	鲁山县响潭沟
漯河	258	378	漯河市放鹽店
郑州	234	346	汝阳县环翠峪
南阳	203	689	方城县母猪窝
商丘	199	483	梁园区彭园
竹昌	195	336	襄城县漪坡
周口	147	263	西华县奉母
信阳	87	310	新县卜店(中)
驻马店	59	123	西平县苗庄
全省	215	689	方城县母猪窝

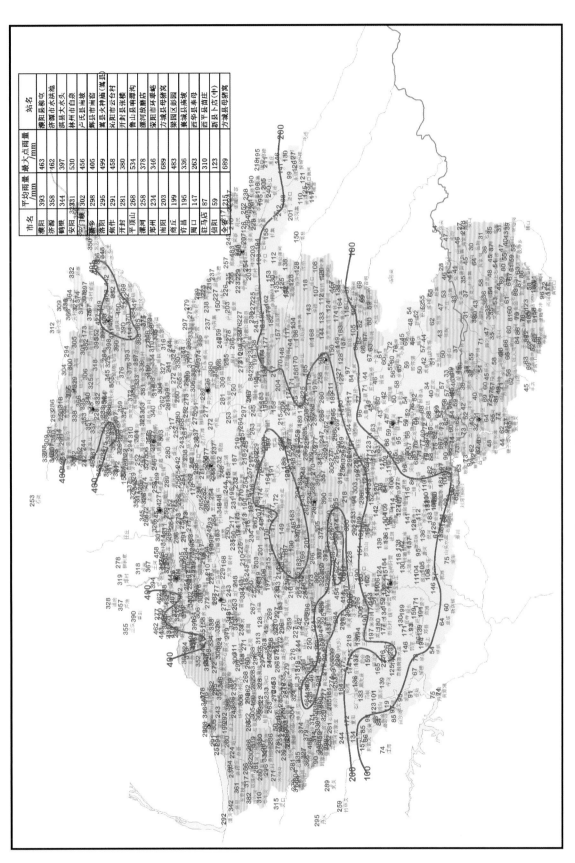

附图 12　2021 年 9 月累计雨量图

市名	平均雨量/mm	最大点雨量/mm	站名
鹤壁	1 424	1 846	淇县大水头
新乡	1 280	2 274	辉县市龙水梯
安阳	1 237	1 810	林州市白泉
焦作	1 192	1 808	修武县东岭后
济源	1 168	1 658	济源市郑坪
濮阳	1 163	1 680	安阳市华翠岭
漯河	989	1 324	濮阳市华龙区水利局
平顶山	961	1 486	鲁山县合庄
开封	944	1 139	市区豫苑局
漯河	894	1 017	鄢城区王店（巡）
洛阳	877	1 351	汝阳县三屯
许昌	861	1 131	禹州市井沟
三门峡	839	1 496	卢氏县上安沟
南阳	825	1 607	南召县下石笼
信阳	814	1 343	南城县黄柏山
商丘	729	1 212	梁沟区彭园
周口	676	1 039	扶沟县魏桥
驻马店	605	1 018	遂平县赵庄
全省	883	2 274	辉县市龙水梯

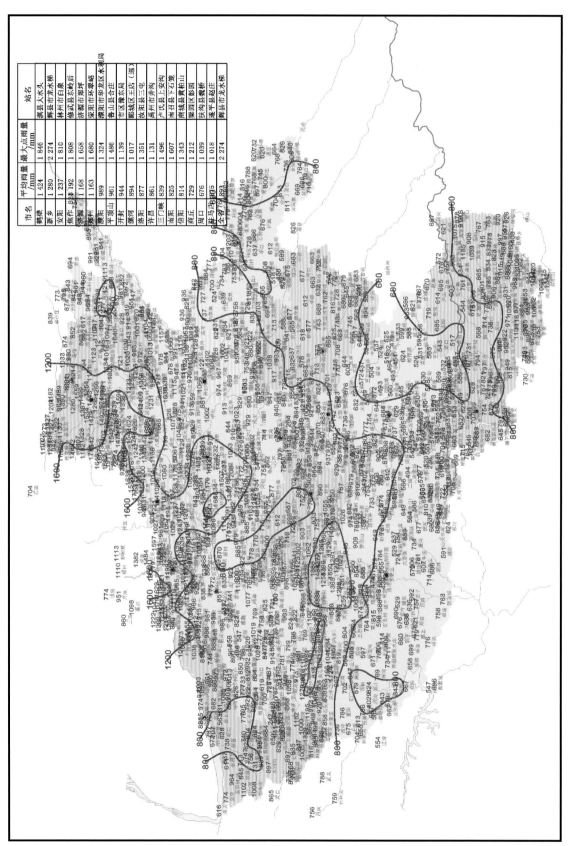

附图 13-1　2021 年 5 月 15 日 8 时至 10 月 1 日 8 时累计雨量图

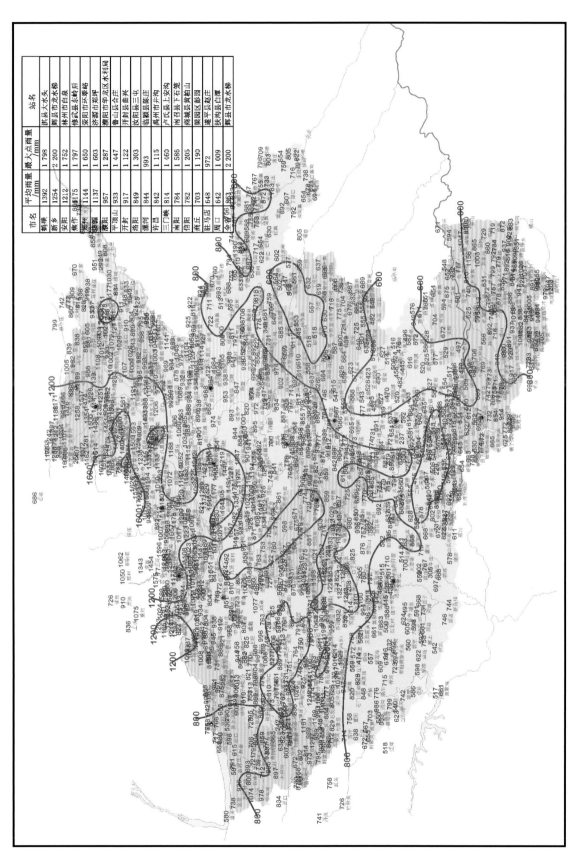

市名	平均雨量 /mm	最大点雨量 /mm	站名
鹤壁	1392	1 798	淇县大水头
新乡	1254	2 200	辉县市龙水梯
安阳	1212	1 752	林州市白泉
焦作	1175	1 797	修武县永岭后
濮阳	1144	1 650	安阳市环翠峪
郑州	1137	1 603	济源市邵坪
濮阳	957	1 287	濮阳市华龙区水利局
平顶山	933	1 447	鲁山县合庄
开封	917	1 122	开封县三叉
洛阳	849	1 303	汝阳县曲兴
漯河	844	993	临颍县陈庄
许昌	842	1 115	禹州市井沟
三门峡	784	1 460	卢氏县下石笼
南阳	782	1 586	南召县上安沟
商丘	703	1 205	商城县黄柏山
驻马店	648	1 190	梁园区彩园
周口	642	972	遂平县赵庄
全省	863	1 009	扶沟县白潭
		2 200	辉县市龙水梯

附图 13-2　2021 年 6～9 月累计雨量图

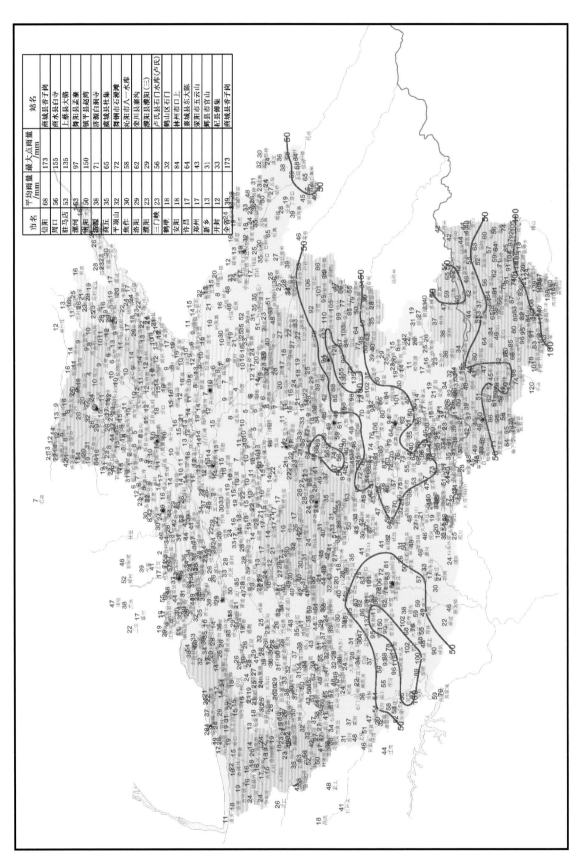

市名	平均雨量/mm	最大点雨量/mm	站名
信阳	68	173	商城县黄子岗
周口	56	155	商水县白寺
驻马店	53	135	上蔡县大路
漯河	63	97	舞阳县孟寨
许昌	50	150	鄢平县赵湾
郑州	38	71	济源白涧寺
南阳	35	65	唐城县杜集
平顶山	32	72	舞钢市石漫滩
焦作	30	58	沁阳市八一水库
洛阳	29	62	栾川县秦岭
濮阳	23	29	漯阳县濮阳（三）
三门峡	23	56	卢氏县石门水库（卢氏）
鹤壁	18	32	鹤山区石门
安阳	17	84	林州市口上
许昌	17	64	襄城县东大陈
郑州	13	43	荥阳市五云山
新乡	13	31	辉县市官山
开封	12	33	杞县裴集
全省	39	173	商城县黄子岗

附图 14　2021 年 5 月 13 日 8 时至 16 日 8 时累计雨量图

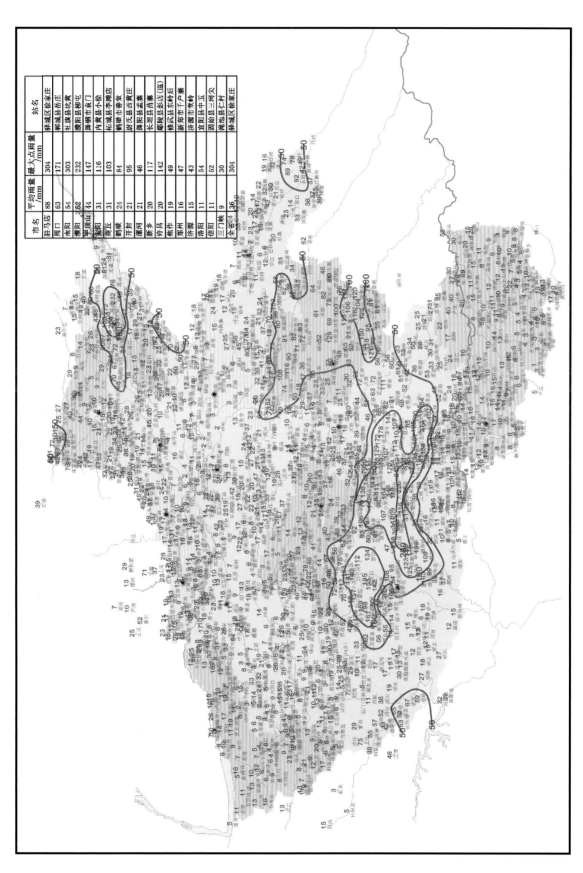

市名	平均雨量 /mm	最大点雨量 /mm	站名
驻马店	88	304	驿城区徐家庄
周口	63	171	郸城县岳庄
南阳	54	303	社旗县坑黄
濮阳	52	232	濮阳县柳屯
平顶山	44	147	舞钢市袁门
宝阳	31	116	内黄县小袋
商丘	31	103	柘城县李滩店
鹤壁	24	84	鹤壁市鹤棠
开封	21	95	尉氏县西黄庄
漯河	21	46	舞阳县孟寨
新乡	20	117	长垣县肖寨（巡）
许昌	20	142	鄢陵县彭店
焦作	19	49	修武县东岭后
郑州	16	47	新郑市千户寨
济源	15	43	济源市常岭
洛阳	11	54	宜阳县中玉
信阳	11	52	固始县三河尖
三门峡	9	30	渑池县仁村
全省24	36	304	驿城区徐家庄

附图 15　2021 年 6 月 12 日 8 时至 15 日 8 时累计雨量图

市名	平均雨量 /mm	最大点雨量 /mm	站名
信阳	69	225	光山县槐安
三门峡	15	63	卢氏县上安沟
安阳	10	26	林州市大峪
鹤壁	10	17	鹤山区石门
南阳	10	55	西峡县龙潭沟
洛阳	8	24	栾川县朱家河
濮阳	7	21	台前县来河
平顶山	5	18	鲁山县焦庄
驻马店	4	39	确山县驴尾沟
漯河	4	10	临颍县申安安张
济源	3	15	济源市愚盆岭
新乡	3	10	辉县市更街
许昌	3	11	郏陵县郭庄
焦作	2	6	沁阳市云台村
郑州	2	5	登封市颍阳
周口	2	12	扶沟县大新镇
开封	1	6	尉氏县张市
商丘	1	5	永城市马庄
全省	14	225	光山县槐安

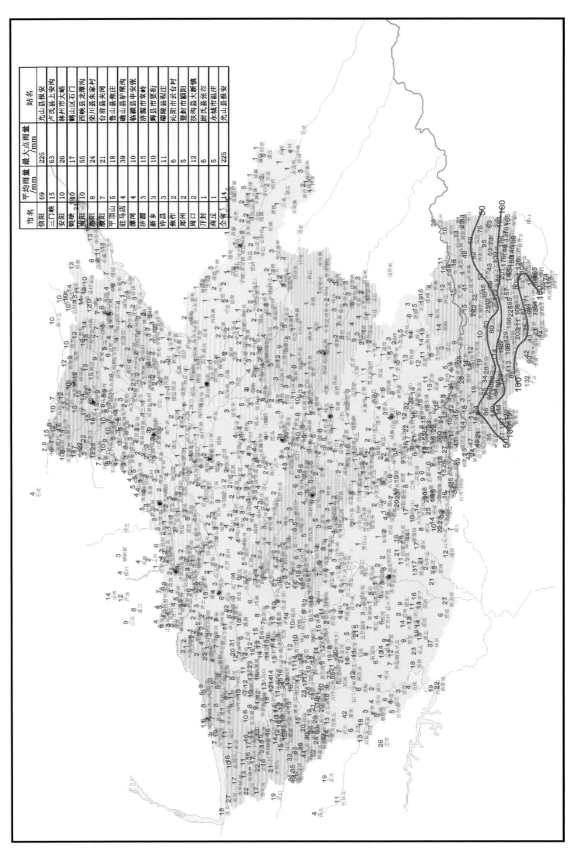

附图 16 2021 年 6 月 15 日 8 时至 18 日 8 时累计雨量图

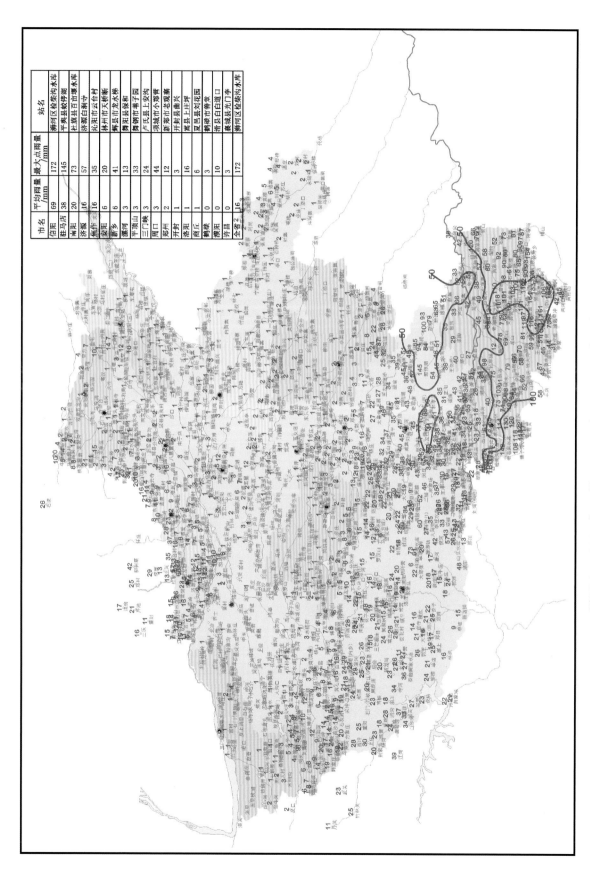

市名	平均雨量 /mm	最大点雨量 /mm	站名
信阳	69	172	浉河区检柴沟水库
驻马店	38	145	平舆县较停湖
南阳	20	73	社旗县吉雷堽水库
济源	16	57	济源白淋守
焦作	6	35	沁阳市云台村
安阳	6	20	林州市天桥断
新乡	6	41	辉县市龙水梯
漯河	3	13	舞阳市弟子园
平顶山	3	33	舞阳县保和
三门峡	3	24	卢氏县上安沟
周口	3	44	项城市小郑营
郑州	2	12	新郑市名观寨
开封	1	3	开封县曲户
洛阳	1	16	嵩县上庄坪
鹤壁	0	6	夏邑县刘花园
濮阳	0	3	滑县白道口
许昌	0	10	襄城县光门李
全省	16	172	浉河区检柴沟水库

附图17　2021年6月25日8时至29日8时累计雨量图

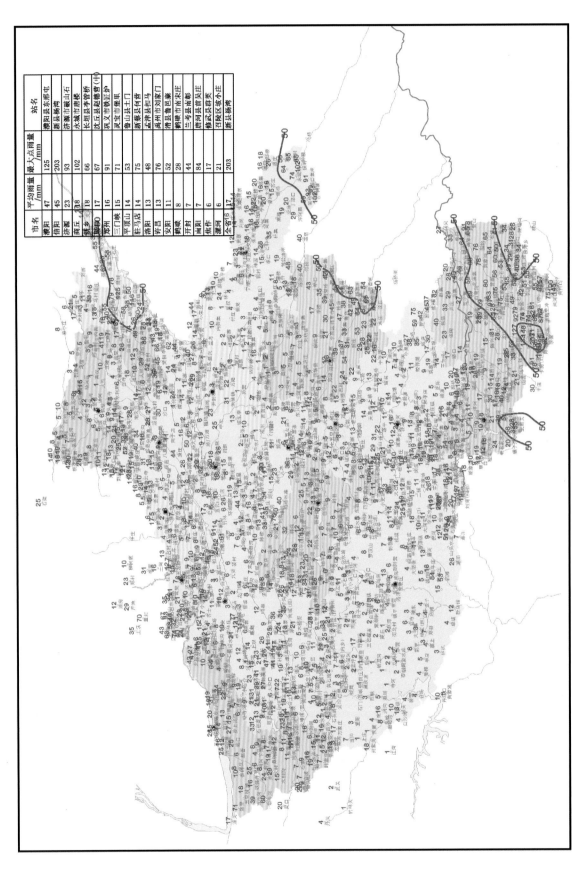

市名	平均雨量/mm	最大点雨量/mm	站名
濮阳	47	125	濮阳县东郝屯
信阳	45	203	新县杨湾
济源	23	93	济源市蟒山石
商丘	18	102	永城市周楼
新乡	18	66	长垣县李管桥
商丘	17	67	沈丘县赵德营(中)
郑州	16	91	巩义市铁匠炉
三门峡	15	71	鲁山县土门
平顶山	14	53	新蔡县何营
驻马店	14	75	孟津县扣马
许昌	13	48	禹州市刘家门
洛阳	11	76	滑县鲁名寨
安阳	8	52	鹤壁市南宋庄
开封	7	28	兰考县南吴庄
南阳	7	44	唐河县许吴庄
焦作	6	84	修武县群英
漯河	6	17	召陵区坡小庄
全省合	17.4	21	新县杨湾
		203	

附图 18　2021 年 7 月 1 日 8 时至 3 日 8 时累计雨量图

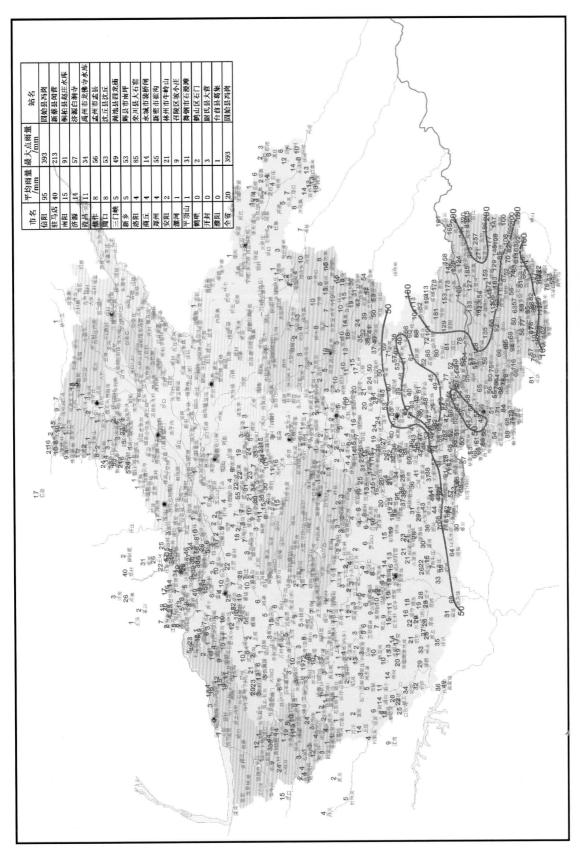

市名	平均雨量 /mm	最大点雨量 /mm	站名
信阳	95	393	固始县冯岗
驻马店	40	213	新蔡县闻营
南阳	15	91	桐柏县赵庄水库
济源	14	57	济源白涧寺
许昌	11	34	禹州市龙佛寺水库
焦作	8	56	孟州市孟县
周口	8	53	沈丘县沈丘
三门峡	5	49	渑池县四龙庙
新乡	5	53	辉县市南坪
洛阳	4	85	栾川县大石窑
郑州	4	14	永城市婆桥闸
安阳	2	35	新密市牛岭沟
漯河	1	21	林州市牛轭山
平顶山	1	9	召陵区牧小庄
鹤壁	1	31	龚钢市石漫滩
开封	0	2	鹤山区石门
濮阳	0	3	尉氏县大营
全省	20	393	固始县冯岗

附图19 2021年7月5日8时至9日8时累计雨量图

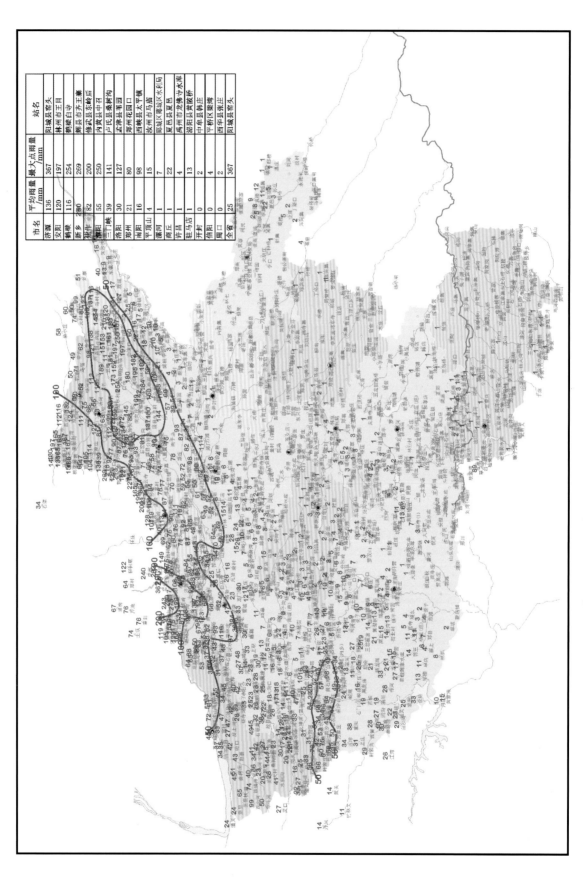

市名	平均雨量/mm	最大点雨量/mm	站名
济源	136	367	阳城县窑头
安阳	120	197	林州市王目
鹤壁	116	254	鹤壁白寺
新乡	290	269	辉县市齐王寨
焦作	82	200	修武县东岭后
濮阳	55	250	内黄县中召
三门峡	39	141	卢氏县桑树沟
洛阳	30	127	孟津县香园
郑州	21	80	荥阳市花园口
南阳	16	98	西峡县太平镇
平顶山	4	15	汝州市马庙
漯河	1	7	鄢城区蟆城区水利局
商丘	1	22	夏邑县夏邑
许昌	1	4	禹州市方岗佛守水库
驻马店	1	13	泌阳县贾庙胡桥
开封	0	2	中牟县梅庄
信阳	0	4	平桥区龙湾
周口	0	2	西华县张庄
全省	25	367	阳城县窑头

附图 20　2021 年 7 月 10 日 8 时至 12 日 8 时累计雨量图

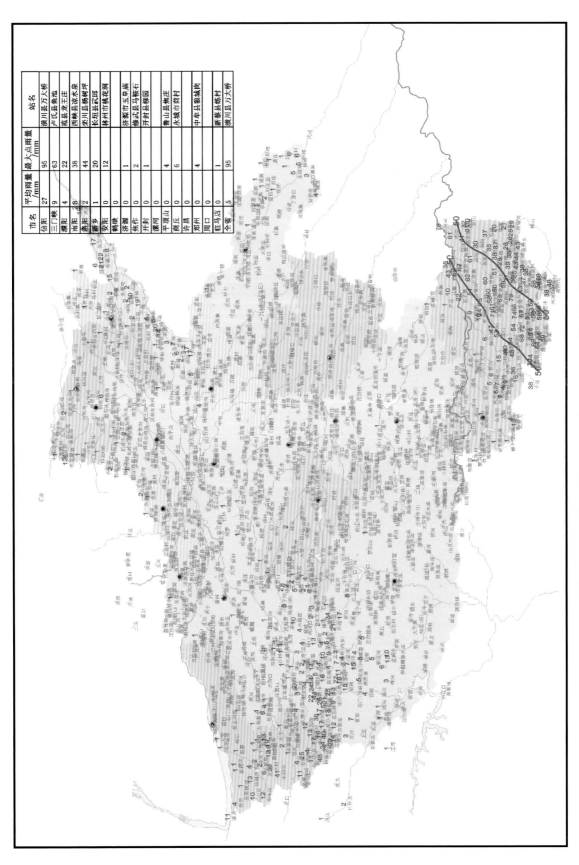

市名	平均雨量/mm	最大点雨量/mm	站名
洛阳	27	95	嵩县万大桥
三门峡	9	63	卢氏县鱼池
濮阳	4	22	范县龙王庄
南阳	3	38	西峡县凉水泉
焦作	2	44	灵川县杨树坪
新乡	1	20	长垣县武邱
安阳	0	12	林州市桃花洞
鹤壁	0	1	济源市玉皇庙
漯河	0	2	修武县马鞍石
开封	0	1	开封县柳园
平顶山	0	4	鲁山县焦王
商丘	0	6	永城市侯岭
许昌	0	4	中牟县姚城内
周口	0		
驻马店	0	1	新蔡县栋村
全省	5	95	嵩县万大桥

附图 21　2021 年 7 月 12 日 8 时至 13 日 8 时累计雨量图

市名	平均雨量 /mm	最大点雨量 /mm	站名
漯河	87	135	舞阳县坡杨
周口	74	215	沈城市水寨
信阳	71	243	平桥区郭集
商丘	37	236	永城市黄口集闸
许昌	48	263	襄城县大陈
驻马店	47	196	西平县油坊张
南阳	36	150	桐柏县何庄
安阳	31	72	林州市石板岩
鹤壁	31	41	浚县枋门
新乡	27	76	封丘县陈桥
焦作	26	44	博爱县西金城
平顶山	24	125	舞钢市罗庄(巡)
郑州	23	79	高新区高新区
濮阳	21	49	濮阳县徐镇
开封	20	68	开封县曲兴
济源	18	31	济都市中王
洛阳	15	60	宜川县潭头
三门峡	8	43	卢氏县刘家庄
全省	45	263	襄城县大陈

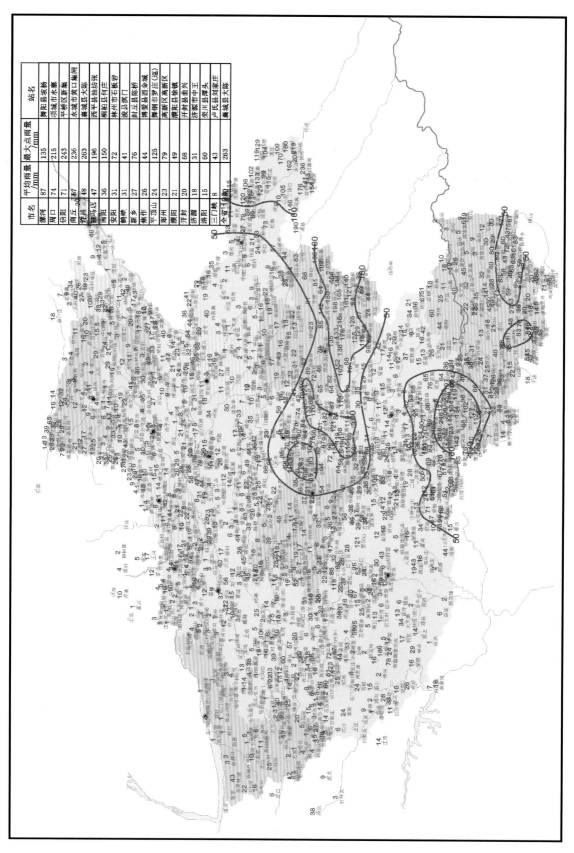

附图 22　2021 年 7 月 14 日 8 时至 17 日 8 时累计雨量图

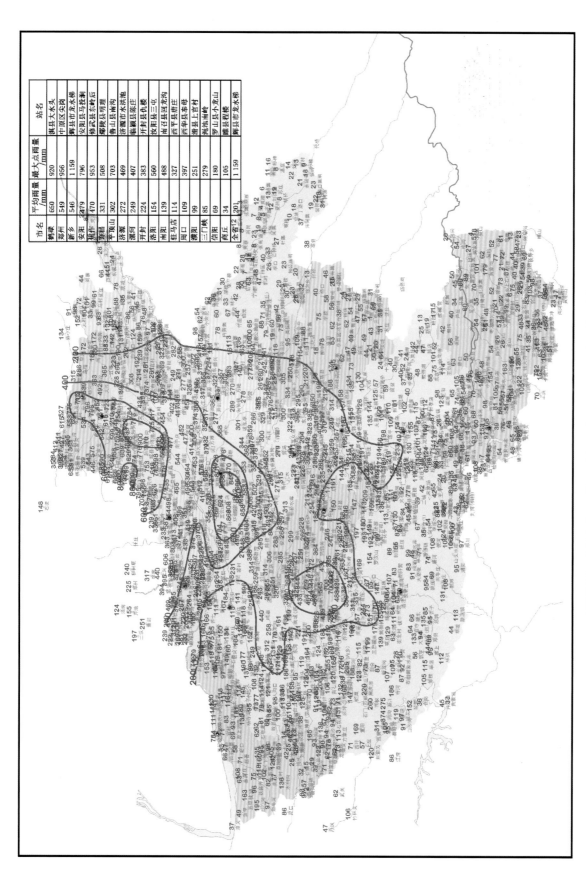

市名	平均雨量/mm	最大点雨量/mm	站名
鹤壁	660	920	淇县大水头
郑州	549	956	中原区尖岗
新乡	546	1 159	辉县市龙水梯
安阳	2479	796	安阳县龙头沟
焦作	470	953	修武县东岭后
许昌	331	508	鄢陵县明理
平顶山	302	703	鲁山县南沟
济源	272	469	济源市水洪池
漯河	249	407	临颍县陈庄
开封	224	383	开封县仇楼
洛阳	154	560	汝阳县三屯
南阳	139	488	南召县回龙沟
驻马店	114	327	西平县焦母
周口	109	397	西华县本母
濮阳	99	251	滑县上官村
三门峡	85	279	渑池县小龙山
信阳	69	180	罗山县君楼
商丘	34	105	睢县君楼
全省	201	1 159	辉县市龙水梯

附图 23　2021 年 7 月 17 日 8 时至 24 日 8 时累计雨量图

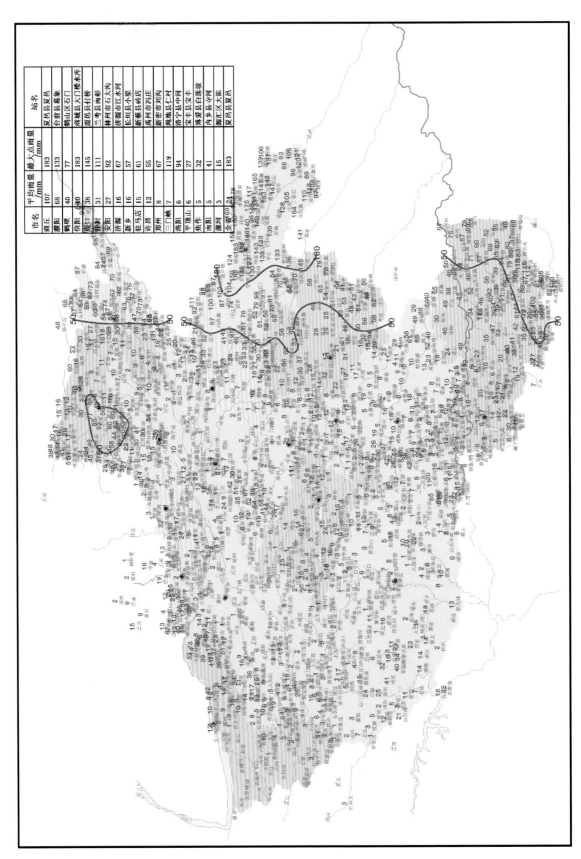

市名	平均雨量 /mm	最大点雨量 /mm	站名
商丘	107	183	夏邑县夏邑
濮阳	68	133	台前县薛集
鹤壁	40	77	鹤山区石门
信阳	40	183	商城县天门楼水库
开封	38	145	鹿邑县贾村桥
商城	31	111	兰考县葡池彬
安阳	27	92	林州市石大沟
济源	16	67	济源市红水河
新乡	16	57	长垣县石头寨
驻马店	15	61	新蔡县岭店
许昌	12	55	禹州市闵庄
郑州	8	67	新密市刘沟
三门峡	7	119	卢氏县红仁村
洛阳	6	94	宝丰县宝丰
平顶山	6	27	博爱县白莲坡
焦作	5	32	内乡县守河
漯河	3	41	城汇区大陈
全省 69	24	183	夏邑县夏邑

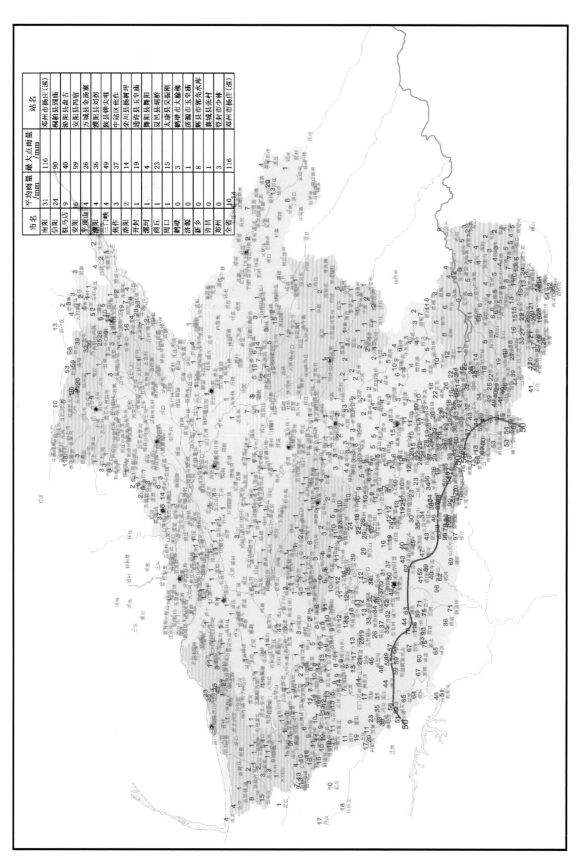

市名	平均雨量/mm	最大点雨量/mm	站名
南阳	31	116	邓州市杨庄（巡）
信阳	24	90	桐柏县固庙
驻马店	9	40	泌阳县盘古
安阳	6	99	安阳县阿楷
平顶山	4	26	方城县金汤寨
濮阳	4	36	滑阳县刘郑
三门峡	4	49	陕县铧尖咀
焦作	3	37	中站区杨树坪
洛阳	2	14	栾川县杨树坪
开封	1	19	通许县玉皇庙
漯河	1	4	舞阳县舞阳
商丘	1	23	夏邑县吴桥胡桥
周口	1	15	太康县大输嘟
鹤壁	0	3	鹤壁市大输嘟
济源	0	1	济源市邪亮水库
新乡	0	8	辉县市玉皇庙
许昌	0	1	鄢城县张村
郑州	0	3	邓州市杨庄（巡）
全省	10	116	邓州市杨庄（巡）

附图 25　2021 年 8 月 8 日 8 时至 10 日 8 时累计雨量图

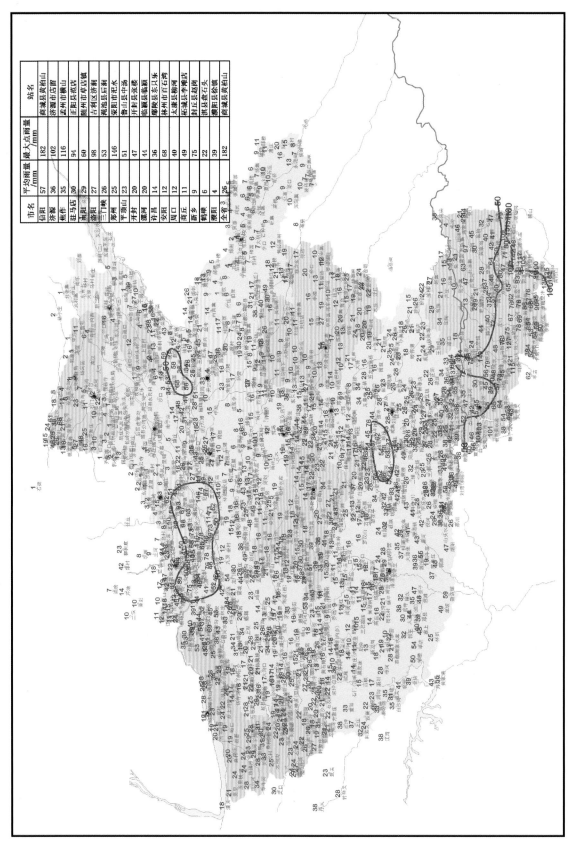

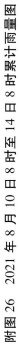

市名	平均雨量/mm	最大点雨量/mm	站名
信阳	57	182	商城县黄柏山
济源	36	102	济源市店留
焦作	35	116	孟州市横山
驻马店	30	94	正阳县铜店
南阳	29	60	随州市草店镇
洛阳	27	98	吉利区济涧
三门峡	26	53	渑池县后涧
郑州	25	146	安阳市汜水
平顶山	23	51	鲁山县中汤
开封	20	47	开封县张楼
漯河	20	44	临颍县临颍
许昌	14	36	郾陵县东八东
安阳	12	68	林州市百石湾
周口	12	40	太康县柳河
商丘	11	49	柘城县李滩店
新乡	9	75	封丘县赵岗
鹤壁	6	22	洪县盘石头
濮阳	4	39	濮阳县徐镇
全省 3	26.5	182	商城县黄柏山

附图 26　2021 年 8 月 10 日 8 时至 14 日 8 时累计雨量图

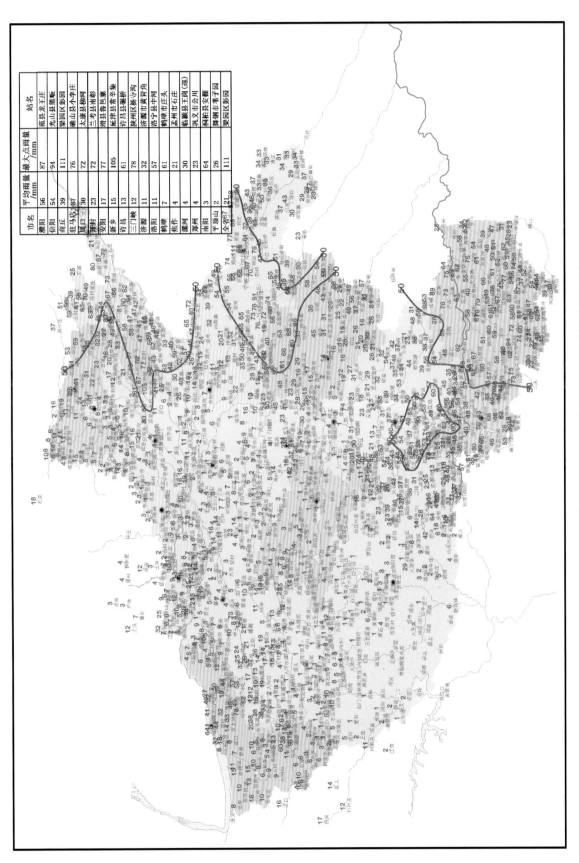

市名	平均雨量/mm	最大点雨量/mm	站名
濮阳	56	87	南县庄王庄
信阳	54	94	光山县熊敖
商丘	39	111	梁园区彭园
驻马店	487	76	确山县小李庄
周口	30	72	太康县柳河
漯河	23	72	三考县浦彭
安阳	17	77	滑县鲁邑寨
新乡	15	61	延津县常平集
许昌	13	105	许昌县襄桥
三门峡	12	78	陕州区豫守沟
济源	11	32	济源市黄肖角
洛阳	11	57	洛宁县中河
鹤壁	7	61	鹤壁市庄头
焦作	4	21	孟州市右庄
漯河	4	30	临颖县王网（巡）
郑州	4	23	巩义市公川
南阳	3	64	桐柏县安棚
平顶山	2	26	舞钢市苇子园
全省	21.8	111	梁园区彭园

附图27　2021年8月19日8时至21日8时累计雨量图

市名	平均雨量/mm	最大点雨量/mm	站名
开封	114	184	杞县沙沃
平顶山	92	240	鲁山县熊背
三门峡	80	149	陕州区庙前
许昌	80	130	禹州市柏桥水库
商丘	71	152	睢县潮庄
南阳	67	195	南召县鲅食川
漯河	64	89	舞阳县坡场
济源	63	109	济源市西门
洛阳	61	121	新安县城关庄地
郑州	59	140	新郑市观音寺镇
驻马店	56	131	泌阳县石门(泌阳县)
周口	46	177	太康县芝麻洼
焦作	39	91	温县赵堡
信阳	25	120	罗山县曾店村
新乡	22	96	封丘县尹岗
濮阳	8	26	濮阳县刘彭
鹤壁	4	14	浚县频马汤
安阳	3	14	
全省	56	240	鲁山县熊背

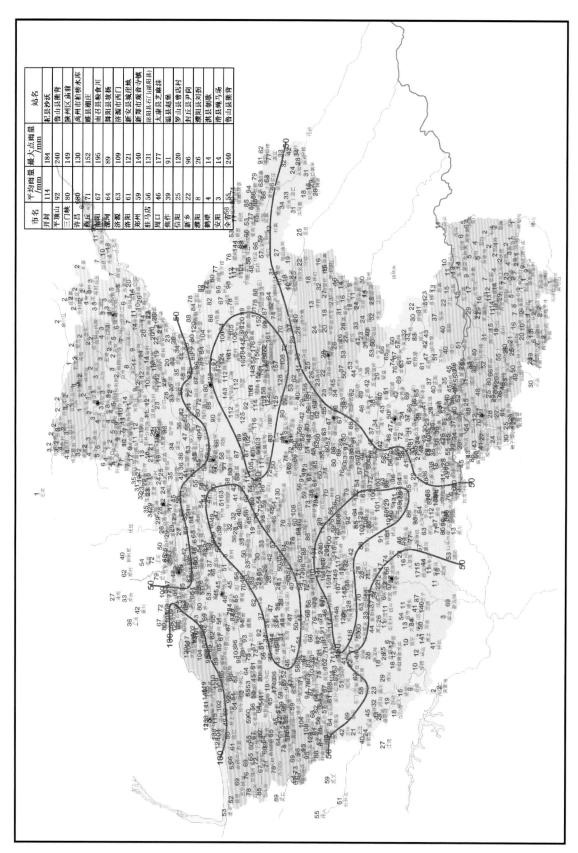

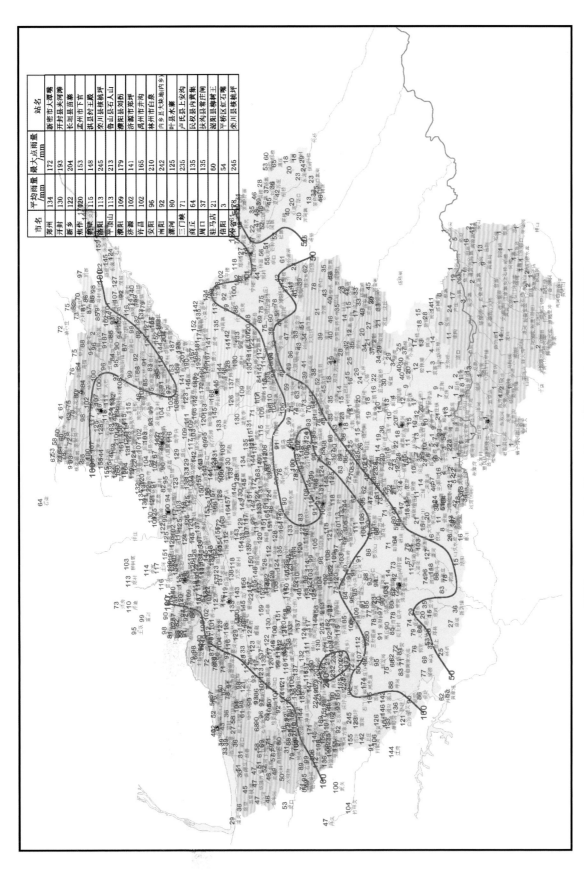

市名	平均雨量 /mm	最大点雨量 /mm	站名
郑州	134	172	新密市大隗嘴
开封	130	193	开封县朱河湾
新乡	122	204	长垣县苗寨
焦作	120	153	孟州市下官
鹤壁	115	148	淇县竹王殿
洛阳	113	245	栾川县核桃坪
平顶山	113	213	鲁山县石人山
濮阳	109	179	濮阳县刘扒
济源	102	141	济源市郑坳
许昌	102	165	禹州市井沟
安阳	96	210	林州市白泉
漯河	92	242	内乡县大块地(内乡)
三门峡	80	125	叶县水寨
商丘	71	235	卢氏县上安沟
周口	64	135	民权县内黄集
驻马店	37	135	获嘉县常庄闸
信阳	21	60	泌阳县栖树王
	3	54	平桥区红石嘴
		245	栾川县核桃坪

附图 29　2021 年 8 月 28 日 8 时至 31 日 8 时累计雨量图

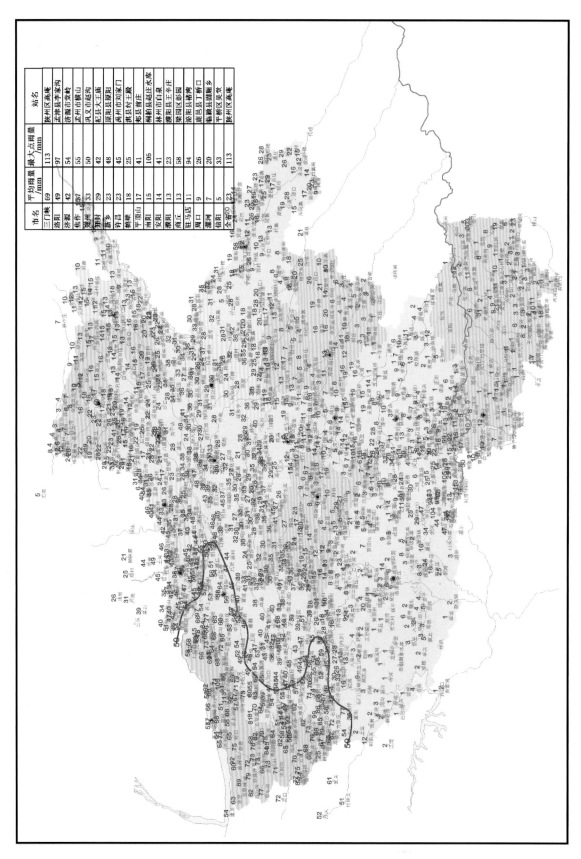

市名	平均雨量 /mm	最大点雨量 /mm	站名
三门峡	69	113	陕州区高庙
洛阳	49	97	孟津县李家沟
济源	42	54	济源市常岭
焦作	37	55	孟州市横山
郑州	33	50	巩义市赵沟
开封	29	42	杞县大王庙
新乡	23	48	原阳县原阳
许昌	23	45	禹州市刘家门
鹤壁	18	25	淇县村王殿
平顶山	17	41	郏县薛庄
南阳	15	105	桐柏县赵庄王水库
安阳	14	41	林州市白泉
商丘	13	23	濮阳县王辛庄
驻马店	13	58	梁园区彭园
周口	11	94	泌阳县褚湾
漯河	9	26	鹿邑县丁桥口
信阳	7	20	临颖县园陌乡
全省20	5	33	平桥区吴党
	23	113	陕州区高庙

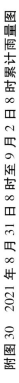

附图 30　2021 年 8 月 31 日 8 时至 9 月 2 日 8 时累计雨量图

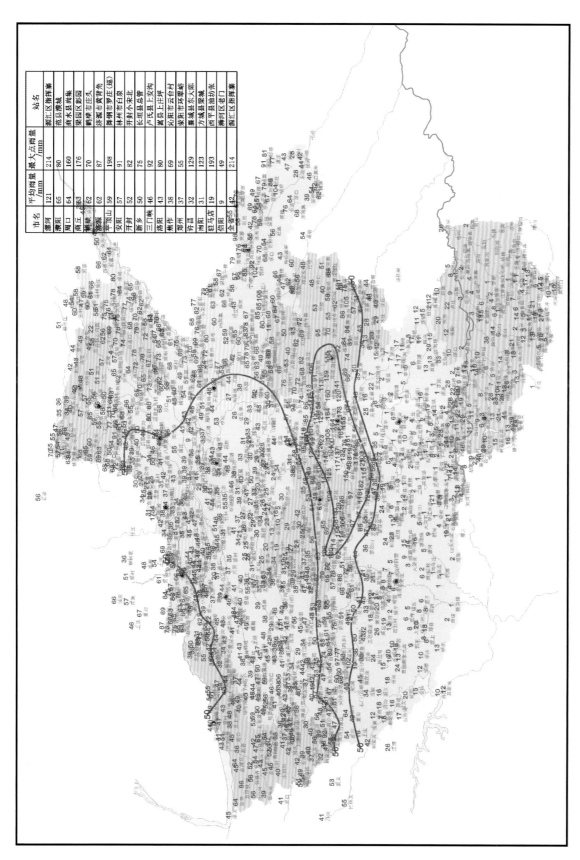

市名	平均雨量/mm	最大点雨量/mm	站名
漯河	121	214	源汇区指挥寨
濮阳	65	80	范县濮城
周口	64	160	商水县尚集
商丘	63	176	梁园区彭园
鹤壁	62	70	鹤壁市庄头
济源	62	87	济源市黄背角
郑州	59	198	郑钢市罗庄(巡)
平顶山	59	91	林州市小米北
安阳	57	82	开封市台泉
开封	52	75	长垣县总管
新乡	50	92	卢氏县上安狗
三门峡	46	80	栾县上坪坪
洛阳	43	69	沁阳市云台村
焦作	38	55	安阳县东大阮
许昌	32	129	襄城县环翠峪
郑州	31	123	方城县粱城
驻马店	19	193	西平县油坊张
信阳	9	49	漯河区老门
全省	42	214	源汇区指挥寨

附图31　2021年9月3日8时至6日8时累计雨量图

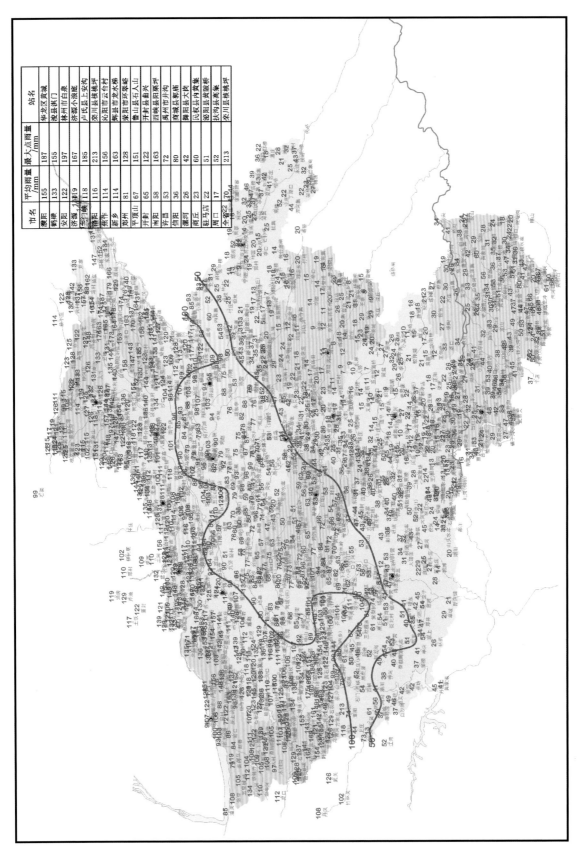

市名	平均雨量 /mm	最大点雨量 /mm	站名
濮阳	155	187	华龙区黄城
鹤壁	133	155	浚县淇门
安阳	122	197	林州市白泉
济源	119	167	济源小浪底
三门峡	118	185	卢氏县上安冶沟
洛阳	116	213	栾川县栗树坪
焦作	114	156	沁阳市云台村
新乡	114	163	辉县市龙水梯
郑州	81	128	荥阳市环翠峪
平顶山	67	151	鲁山县石人山
开封	65	122	开封县曲兴
南阳	58	163	西峡县至阳栗坪
许昌	53	72	禹州市井沟
信阳	36	80	淅川县郑南
漯河	26	42	舞阳县大陈
商丘	23	60	民权县内黄集
周口	22	51	沈阳县黄寨桥
驻马店	17	52	扶沟县高集
全省平均	70.4	213	栾川县栗树坪

附图 32　2021 年 9 月 17 日 8 时至 20 日 8 时累计雨量图

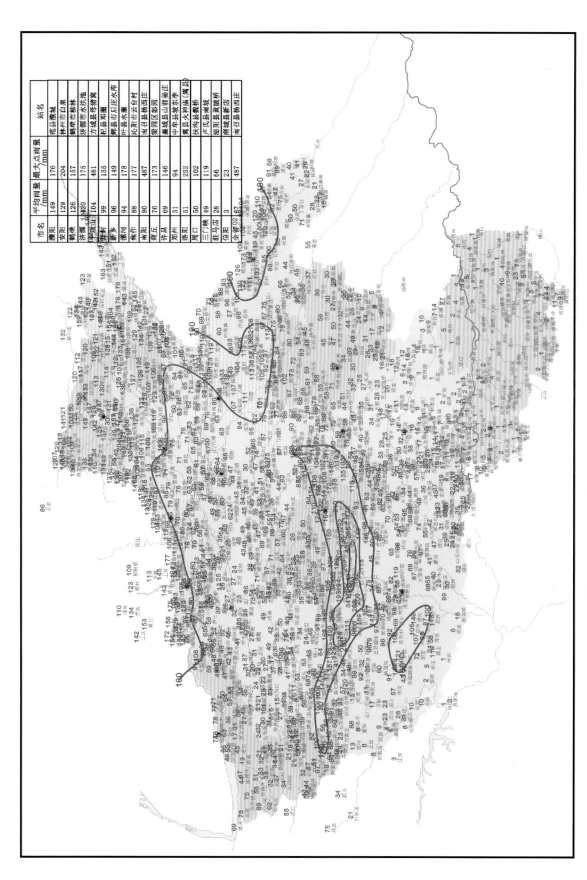

市名	平均雨量/mm	最大点雨量/mm	站名
濮阳	149	176	范县濮城
安阳	129	204	林州市白泉
鹤壁	126	157	鹤壁市柳林
济源	120	175	济源市水洪池
平顶山	104	481	方城县母猪窝
许昌	99	155	杞县邓园
新乡	96	149	辉县市后庄水库
郑州	94	178	叶县水寨
焦作	88	177	沁阳市云台村
南阳	80	487	淅川县杨西庄
商丘	76	173	聚河区彭同
许昌	69	146	襄城县山前姜庄
郑州	51	94	中牟县坡东李
洛阳	51	252	嵩县火神庙(嵩县)
周口	50	102	扶沟县魏桥
三门峡	49	119	卢氏县雨坡
驻马店	28	66	泌阳县黄破桥
信阳	3	23	南城县新店
全省	67.4	487	淅川县杨西庄

附图33 2021年9月23日8时至26日8时累计雨量图

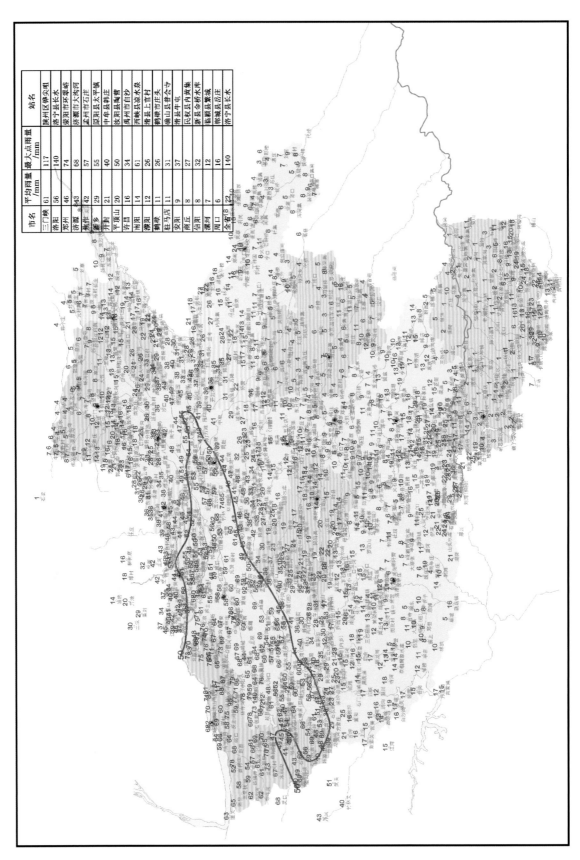

市名	平均雨量/mm	最大点雨量/mm	站名
三门峡	61	117	陕州区锥尖咀
洛阳	56	140	洛宁县长水
郑州	46	74	荥阳市环翠峪岭
济源	43	68	济源市大沟河
焦作	42	57	孟州市石庄
新乡	29	55	原阳县太平镇
开封	21	40	中牟县韩庄
平顶山	20	50	汝阳县陶营
许昌	16	34	禹州市白沙
南阳	14	61	西峡县冻水泉
漯河	12	26	滑县上官村
鹤壁	11	26	鹤壁市庄头
驻马店	11	31	确山县普会寺
安阳	9	37	滑县牛屯
商丘	8	27	民权县内黄集
信阳	8	32	新县金桥水库
濮阳	7	12	临颍县繁城
周口	6	16	郸城县岳庄
全省	22.0	140	洛宁县长水

附图 34 2021 年 9 月 27 日 8 时至 29 日 8 时累计雨量图

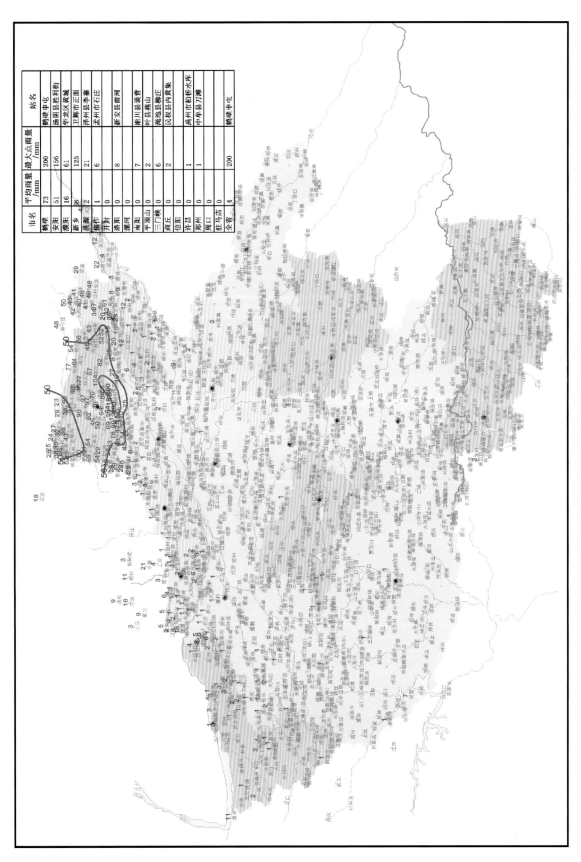

市名	平均雨量 /mm	最大点雨量 /mm	站名
鹤壁	73	200	鹤壁中心
安阳	51	156	汤阴县胜利街
濮阳	16	61	华龙区岳城
新乡	38	125	卫辉市正面
济源	2	21	泽州县李寨
焦作	1	6	孟州市石庄
开封	0	12	
洛阳	0	8	新安县曲河
漯河	0	7	淅川县裴营
南阳	0	2	叶县燕山
三门峡	0	6	渑池县柳庄
商丘	0	2	民权县内黄集
信阳	0		
许昌	0	1	禹州市柏桥水库
周口	0	1	中牟县万滩
郑州	0		
驻马店	0		
全省	4	200	鹤壁中屯

附图35　2021年10月2日8时至4日8时累计雨量图

市名	平均雨量 /mm	最大点雨量 /mm	站名
济源	31	41	济源市红水河
濮阳	30	43	南乐县寺庄
三门峡	30	47	渑池县后洞
鹤壁	24	44	鹤山区石门
安阳	22	65	林州市白泉
焦作	20	35	沁阳市宋寨
洛阳	20	55	新安县槽腰
新乡	14	34	长垣县余家
郑州	12	23	荥阳市环翠峪
平顶山	9	23	鲁山县石人山
开封	8	26	开封县夹河滩
南阳	7	29	淅川县淌沟
许昌	3	12	禹州市北佛寺水库
漯河	2	9	临颍县繁城
商丘	2	9	民权县石门冲水库
信阳	2	10	南城县繁桐木沟
周口	1	8	遂平县常庄闸
全省	10	65	林州市白泉

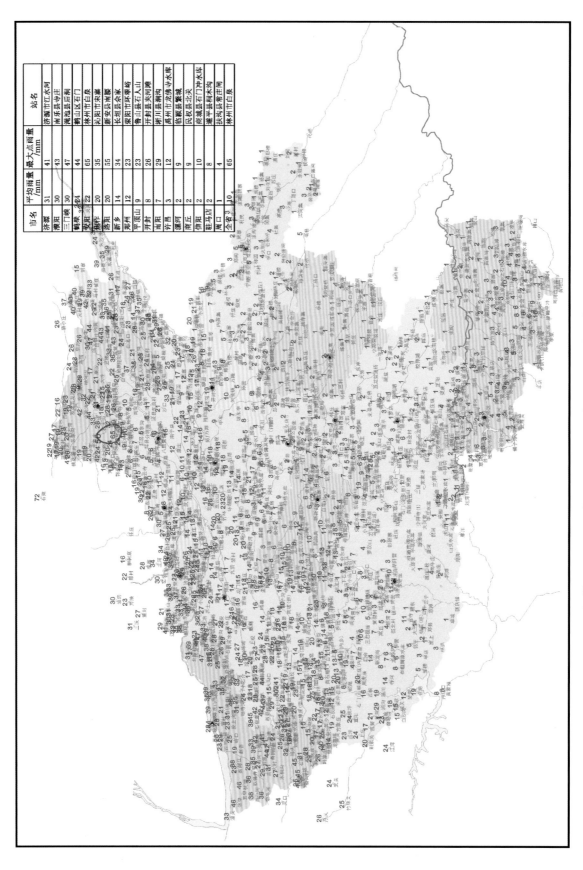

附图 36　2021 年 10 月 4 日 8 时至 8 日 8 时累计雨量图

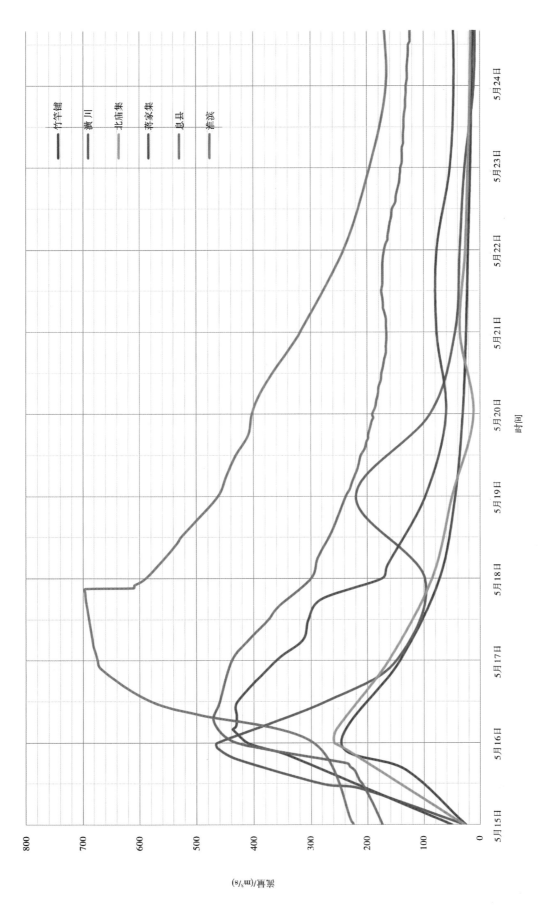

附图 37　5 月中下旬淮河干流及淮南支流主要河道控制站流量过程线

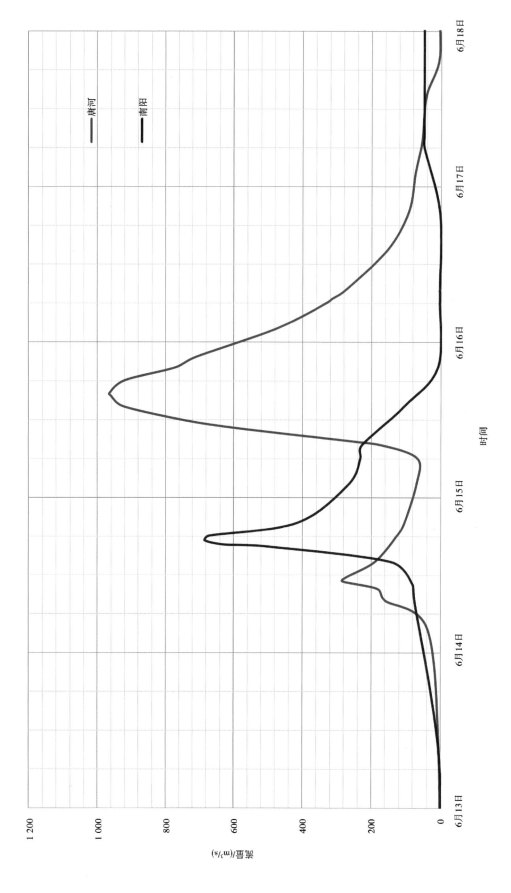

附图 38　6 月中旬唐白河主要河道控制站流量过程线

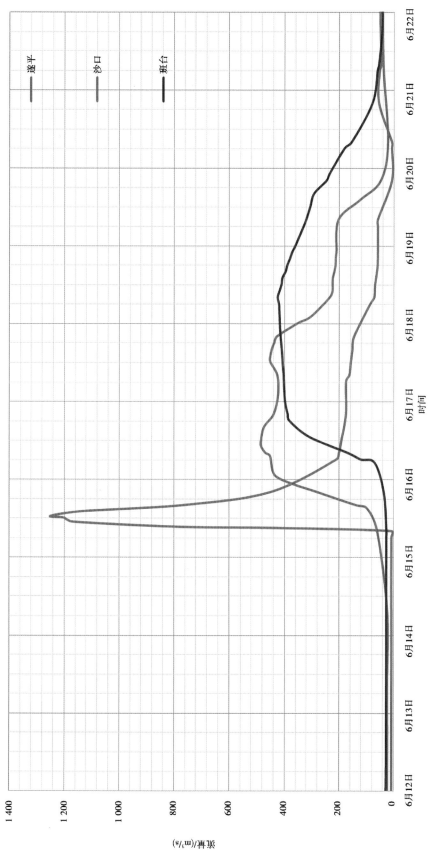

附图 39　6 月中旬洪汝河主要河道控制站流量过程线

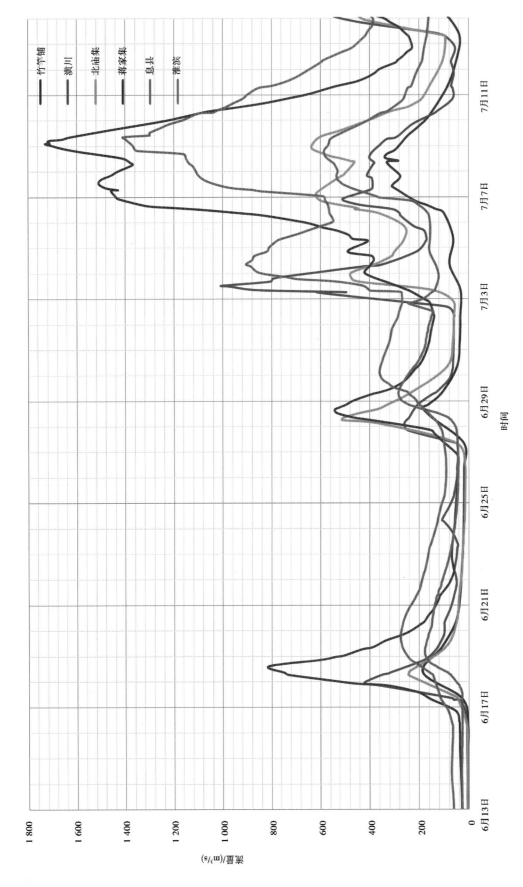

附图 40　6 月中下旬至 7 月上旬淮河干流及淮南支流主要河道控制站流量过程线

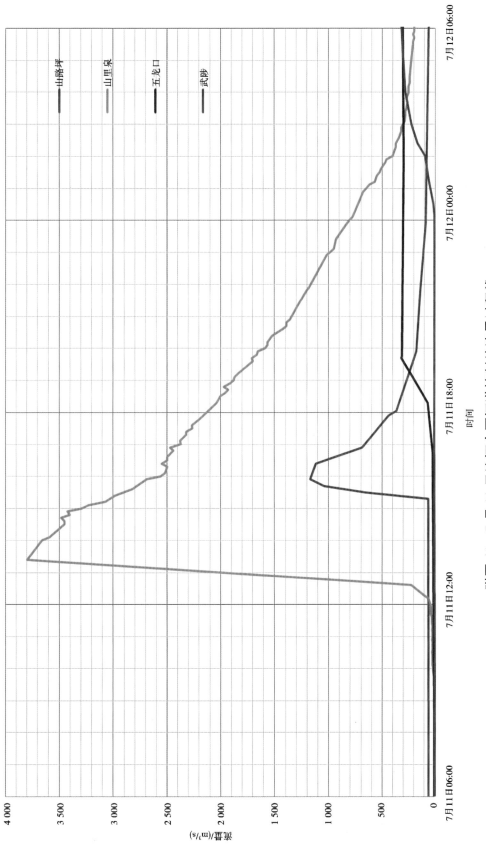

附图41　7月11日沁河主要河道控制站流量过程线

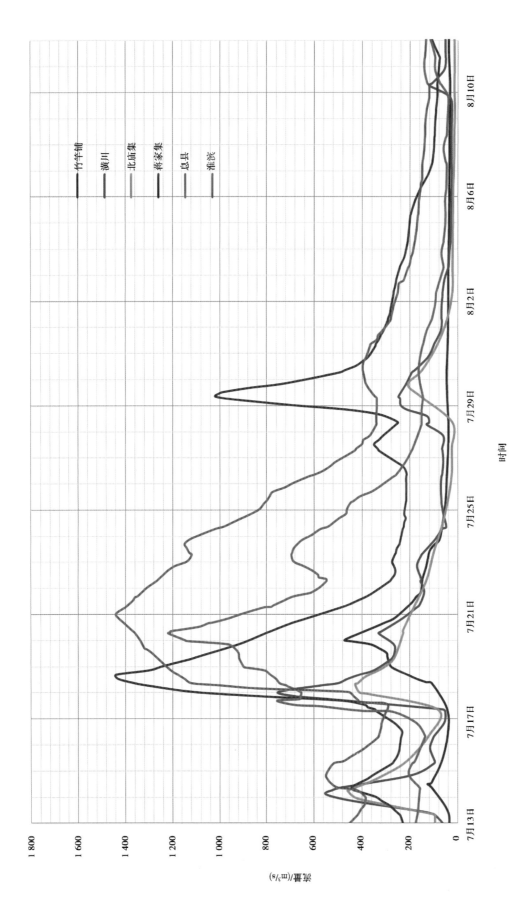

附图 42 7 月中旬至 8 月上旬淮河干流及淮南支流主要河道控制站流量过程线

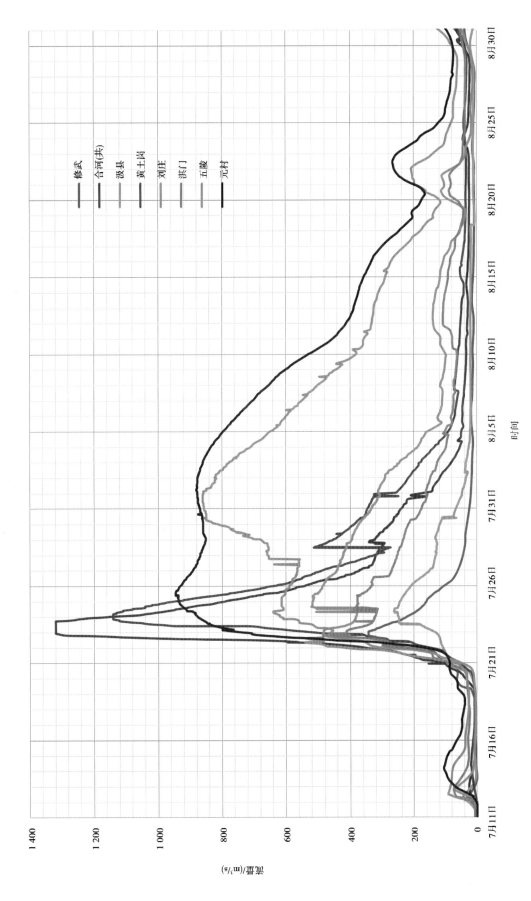

附图 43　7 月中旬至 8 月卫河、共产主义渠主要河道控制站流量过程线

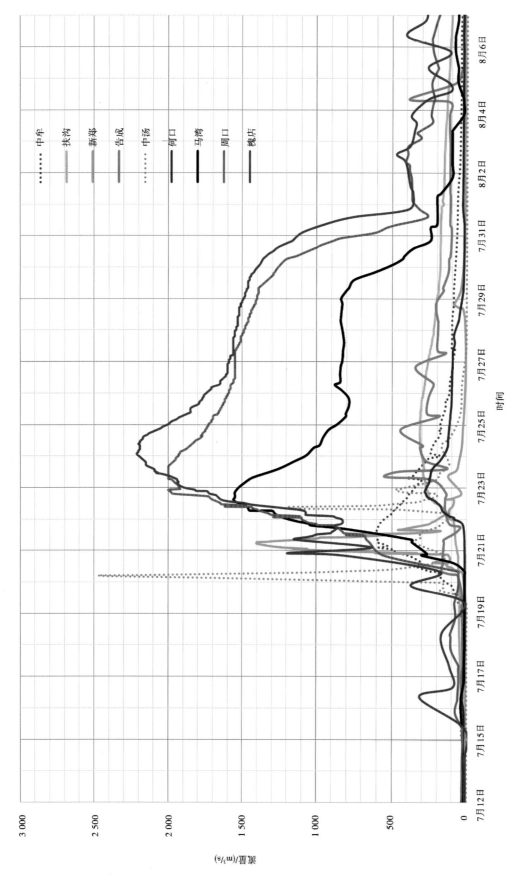

附图 44　7 月中旬至 8 月沙颍河主要河道控制站流量过程线

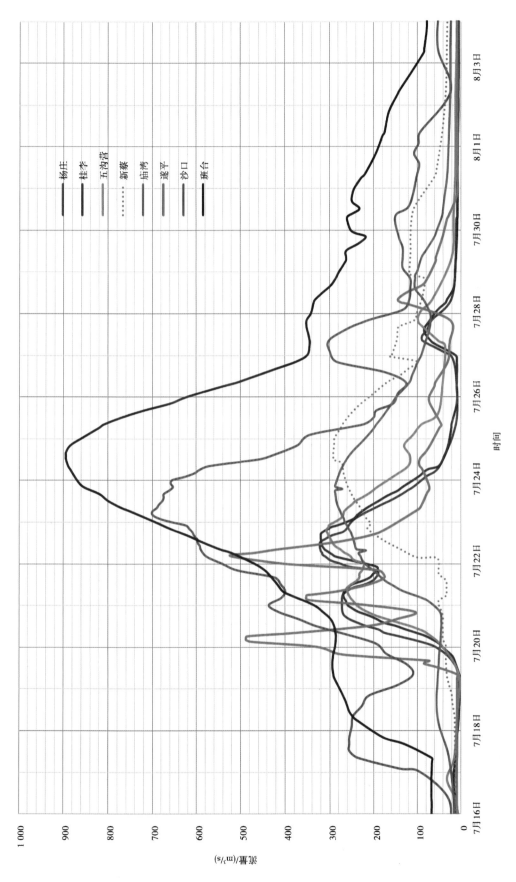

附图 45　7 月下旬洪汝河主要河道控制站流量过程线

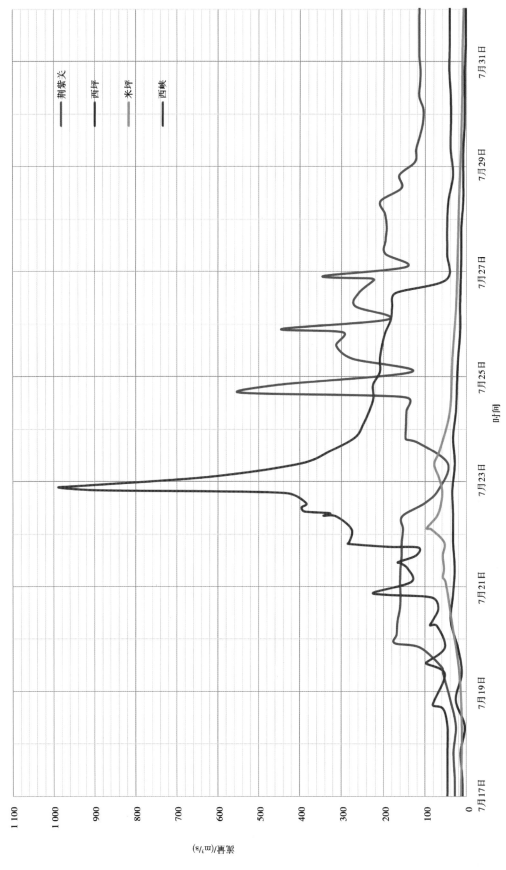

附图 46　7 月下旬丹江、淇河、老灌河主要河道控制站流量过程线

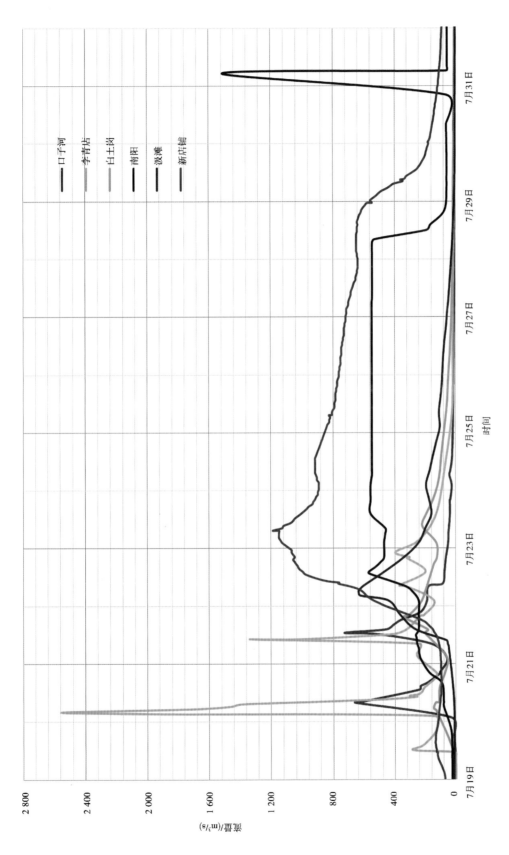

附图 47　7 月下旬白河主要河道控制站流量过程线

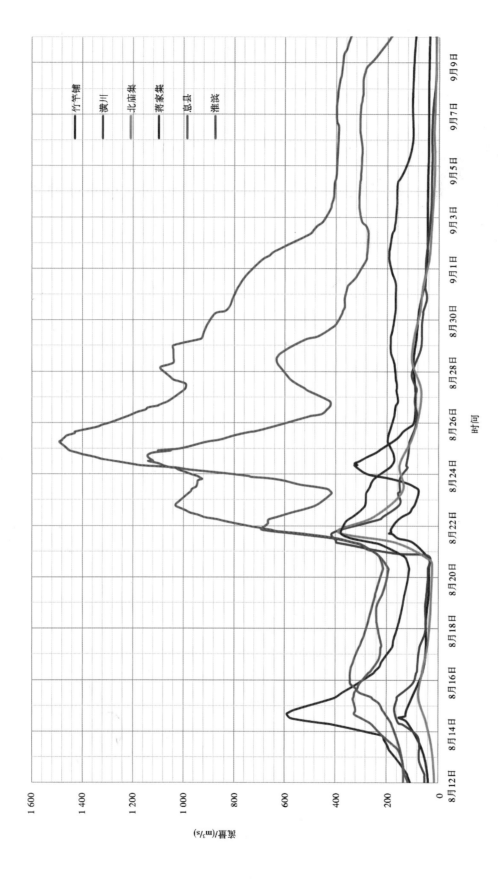

附图 48　8 月中旬至 9 月上旬淮干及淮南支流主要河道控制站流量过程线

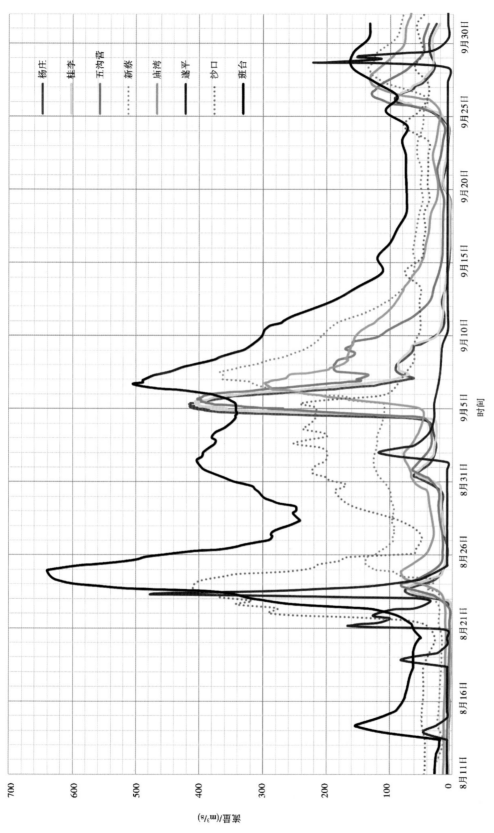

附图 49　8 月中旬至 9 月洪汝河主要河道控制站流量过程线

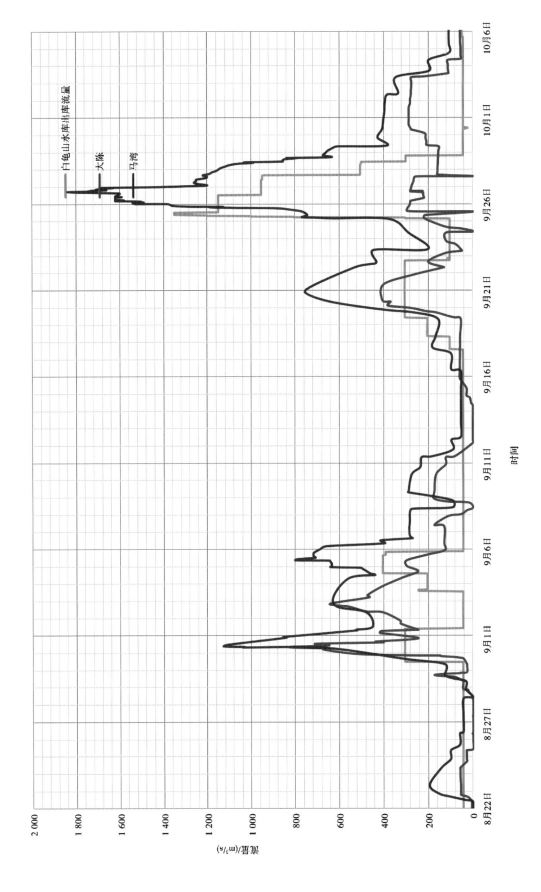

附图 50　8 月下旬至 9 月沙河马湾以上主要站点流量过程线

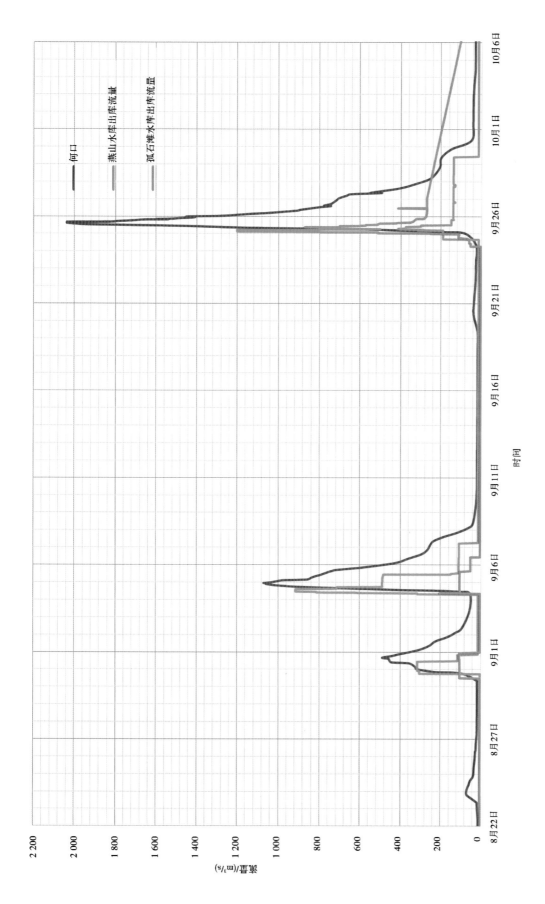

附图 51　8 月下旬至 9 月滦河阿口以上主要站点流量过程线

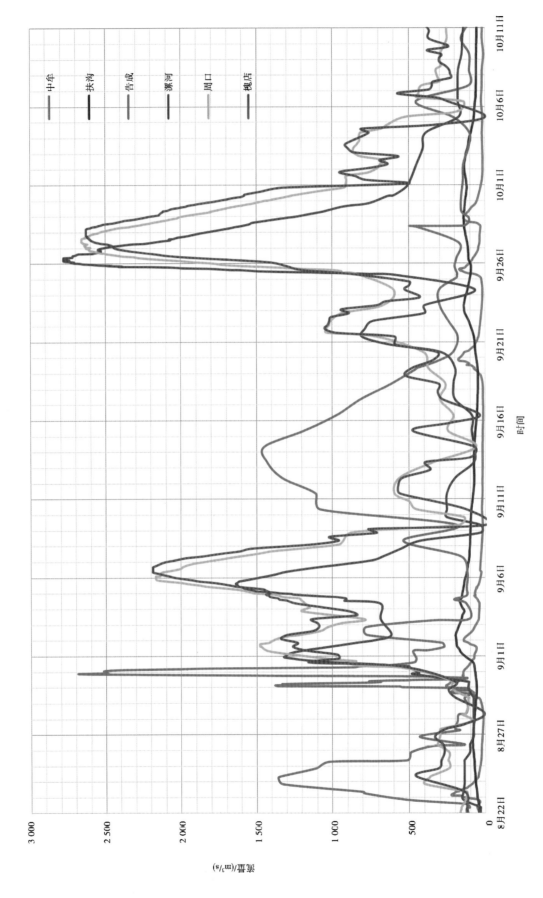

附图 52　8 月下旬至 9 月沙颍河主要河道控制站流量过程线

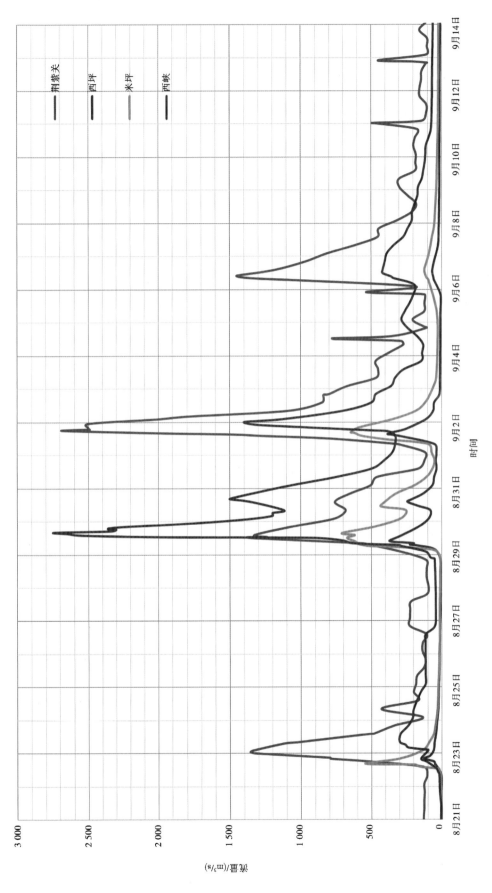

附图 53 8月下旬至 9 月上旬丹江、淇河、老灌河主要河道控制站流量过程线

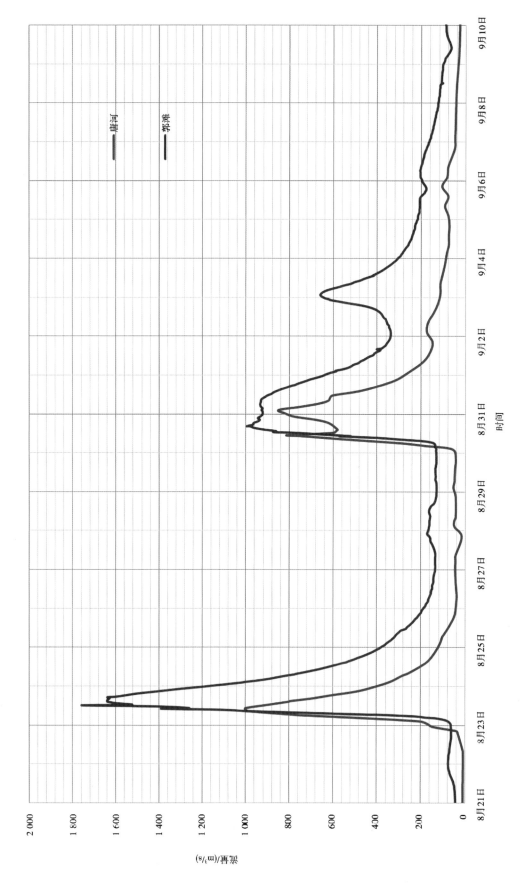

附图 54 8 月下旬至 9 月上旬唐河主要河道控制站流量过程线

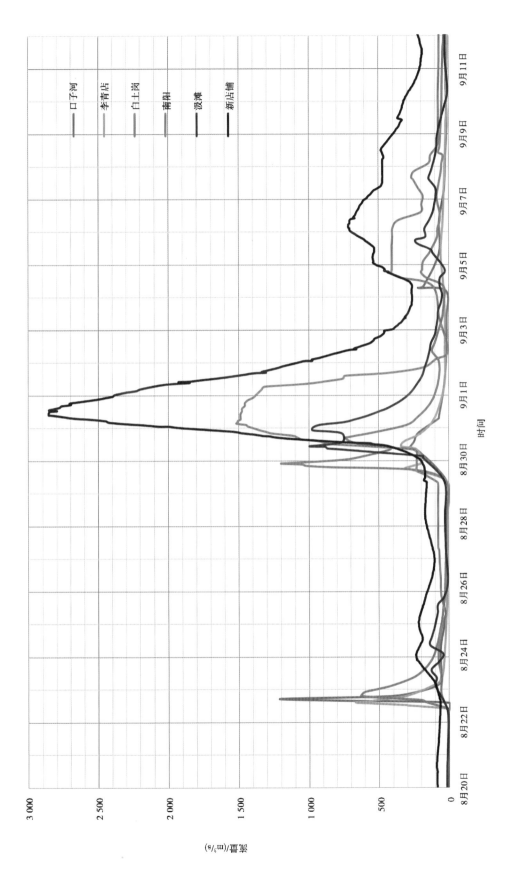

附图 55　8 月下旬至 9 月上旬白河主要河道控制站流量过程线

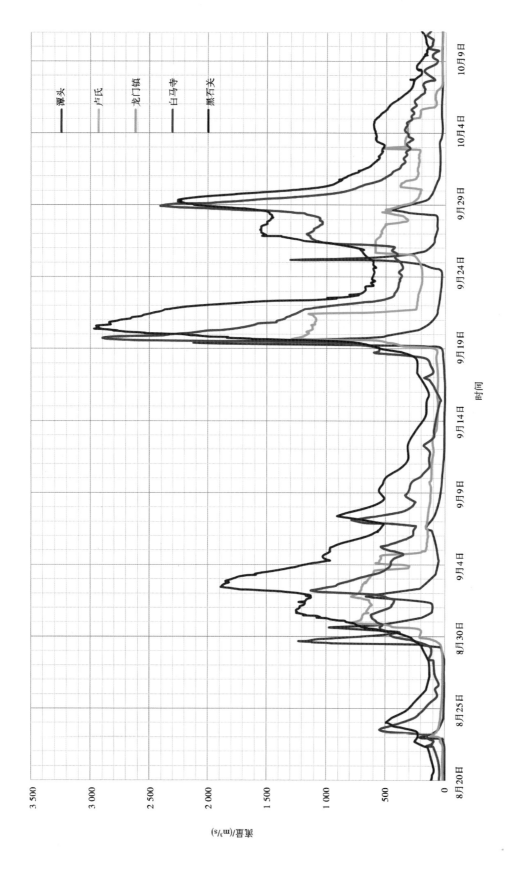

附图 56　8 月下旬至 9 月伊洛河主要河道控制站流量过程线

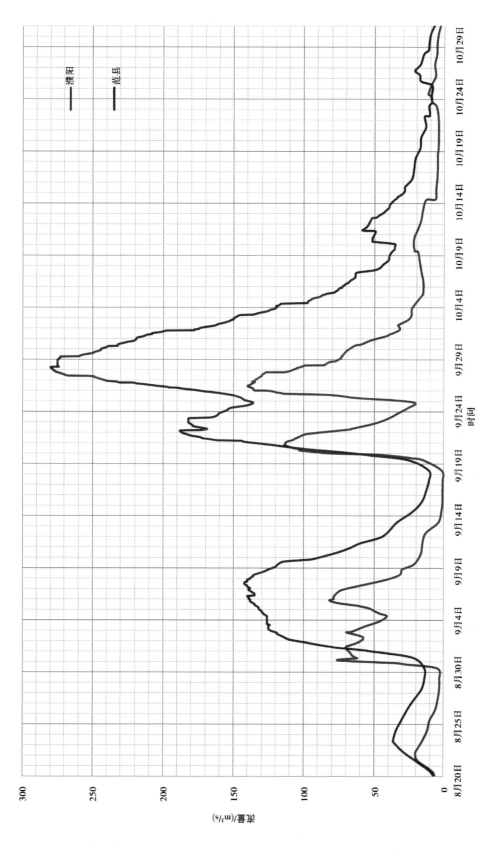

附图 57　8 月下旬至 10 月金堤河主要河道控制站流量过程线

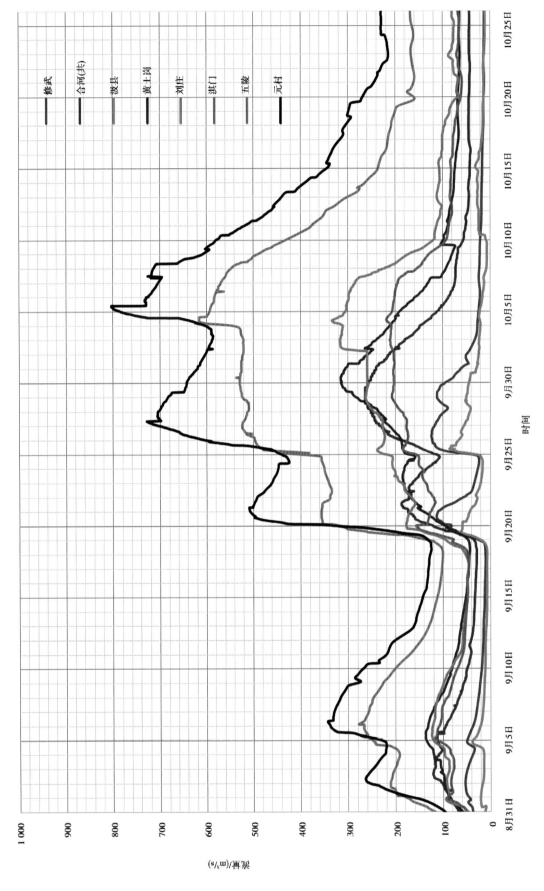

附图 58　9～10 月卫河、共产主义渠主要河道控制站流量过程线

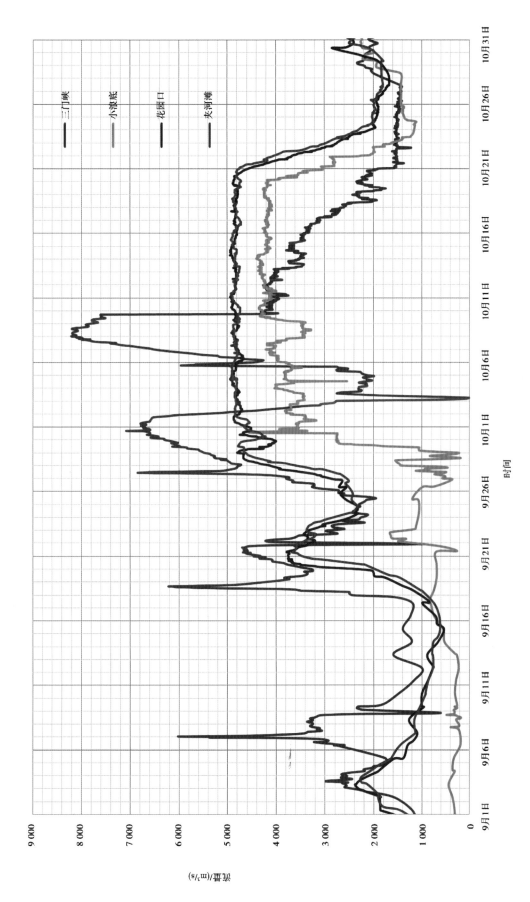

附图 59　9～10 月黄河干流主要河道控制站流量过程线

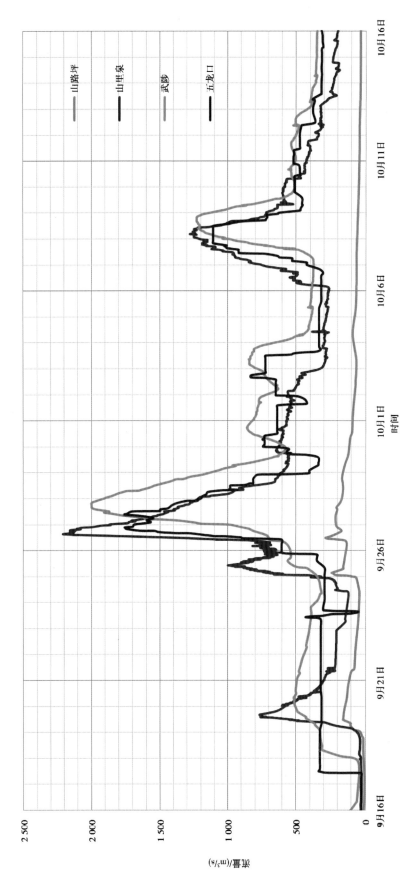

附图 60　9 月下旬至 10 月上旬沁河主要河道控制站流量过程线

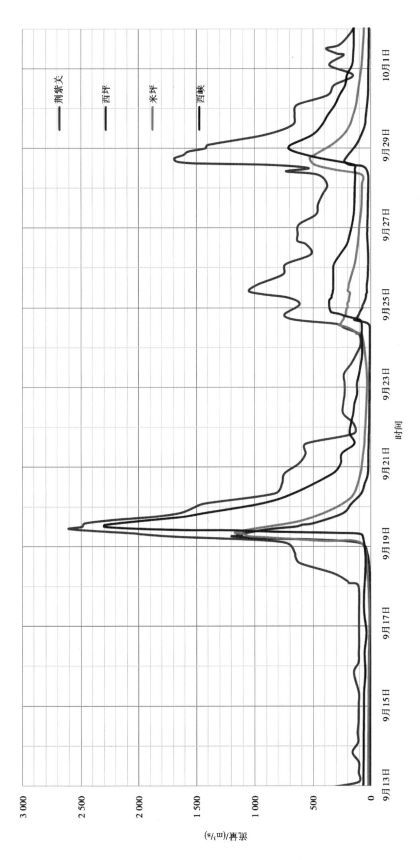

附图 61　9 月下旬丹江、淇河、老灌河主要河道河道控制站流量过程线

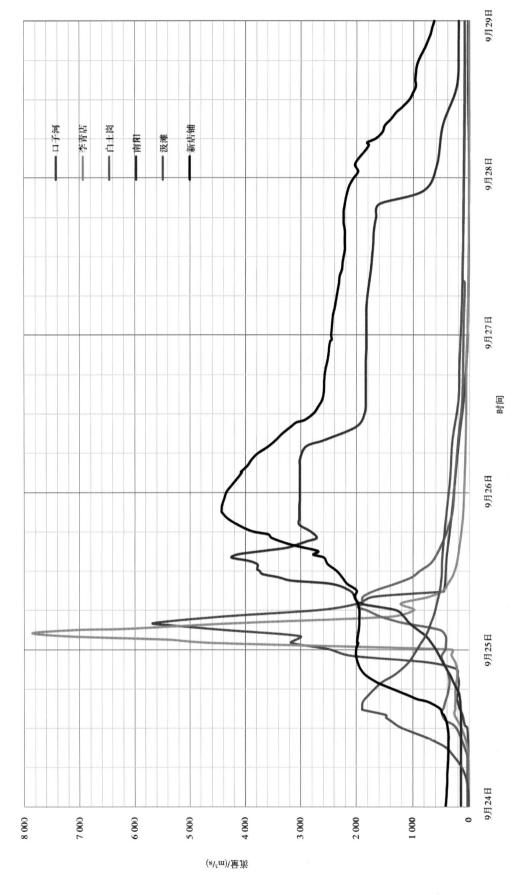

附图 62　9 月下旬白河主要河道控制站流量过程线

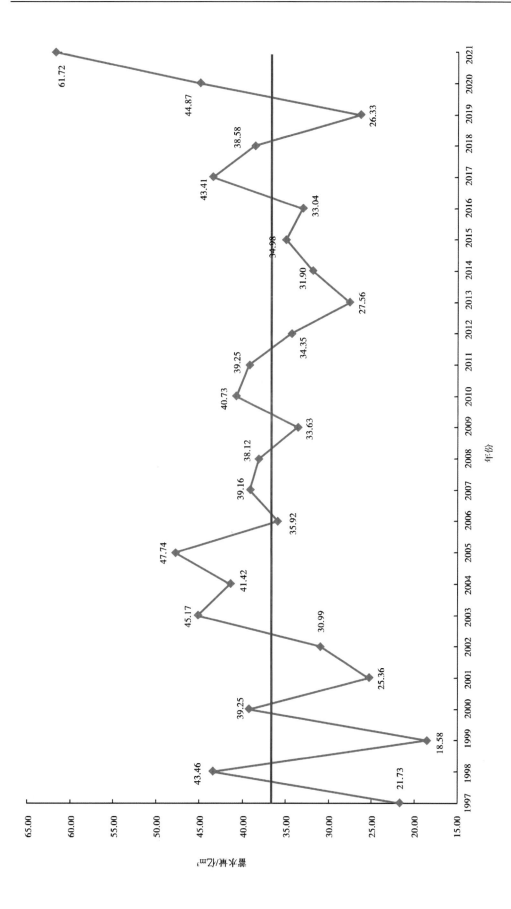

注：1997 年以后大型水库座数变化不大，因此用 1997 年以后的总蓄水量进行比较。

附图 63　河南省大型水库多年汛末蓄水量比较图